电气工程、自动化专业规划教材

PLC 原理及应用

（三菱 FX5U）

刘建春　柯晓龙　林晓辉　黄海滨

弓清忠　卢希钊　钱厚亮　申屠美良　编著

U0225998

電子工業出版社·

Publishing House of Electronics Industry

北京·BEIJING

内 容 简 介

本书以三菱 FX5U PLC 为例，结合编程软件 GX Works3，通过一系列经典案例，由浅入深地介绍 PLC 的工作原理、基本指令、功能指令，同时简要介绍 PLC 常见外围扩展模块、触摸屏、变频器、伺服电机等的应用，最后通过实际工程案例和虚拟仿真介绍组态、PLC、智能控制模块的综合应用。本书将工程概念贯穿其中，力求理论紧密联系实践、虚实结合。本书提供电子课件、视频教程、慕课、虚拟仿真演示、实验等配套资源。

本书可用作高等院校机械、电气、自动化等相关专业的本科生或高职学生的教材，也可供从事 PLC 开发与应用的工程技术人员参考。

未经许可，不得以任何方式复制或抄袭本书之部分或全部内容。
版权所有，侵权必究。

图书在版编目（CIP）数据

PLC 原理及应用：三菱 FX5U / 刘建春等编著. — 北京：电子工业出版社，2021.1
ISBN 978-7-121-40483-2

Ⅰ. ①P… Ⅱ. ①刘… Ⅲ. ①PLC 技术－教材 Ⅳ.①TM571.6

中国版本图书馆 CIP 数据核字(2021)第 011005 号

责任编辑：凌　毅
印　　刷：保定市中画美凯印刷有限公司
装　　订：保定市中画美凯印刷有限公司
出版发行：电子工业出版社
　　　　　北京市海淀区万寿路 173 信箱　邮编：100036
开　　本：787×1 092　1/16　印张：14.5　字数：390 千字
版　　次：2021 年 1 月第 1 版
印　　次：2025 年 2 月第 10 次印刷
定　　价：39.90 元

凡所购买电子工业出版社图书有缺损问题，请向购买书店调换。若书店售缺，请与本社发行部联系。联系及邮购电话：(010)88254888，88258888。

质量投诉请发邮件至 zlts@phei.com.cn，盗版侵权举报请发邮件至 dbqq@phei.com.cn。

本书咨询联系方式：(010)88254528，lingyi@phei.com.cn。

前　言

从 1969 年美国数字设备公司（Digital Equipment Corporation，DEC）研制出世界上第一台可编程逻辑控制器（Programmable Logic Controller，PLC）开始算起，PLC 已经走过了 50 多年的发展历程。作为工业自动化三大支柱之一，PLC 具有可靠性高、抗干扰性好、编程简单、通用性好等优点，目前已广泛应用于机械制造、能源采矿、石油化工、金属冶炼、交通运输、航空航天等诸多行业，并发挥着越来越重要的作用。

目前，三菱 PLC 产品已完成更新换代，原来的小型机 FX2N 等都已停产，而最新的 FX5U 以其强大的网络功能正好可以满足不同用户从单机设备控制到系统控制的各种需求。随着中国智能制造的发展，企业在这方面的需求也越来越多。本书是厦门理工学院、华侨大学、集美大学、南京工程学院与三菱电机自动化（中国）有限公司、杭州维讯机器人科技有限公司、厦门万久科技股份有限公司、北京亚控科技发展有限公司合作编写的应用型教材，围绕 PLC 控制系统，结合工程实践，将行业企业中典型、实用、操作性强的工程项目引入教材。

本书内容翔实、案例丰富，共 9 章。第 1 章介绍 PLC 常用的低压电器元件的基本知识；第 2 章介绍 PLC 的发展历程、分类、工作原理和接线方法等；第 3 章介绍 FX5U PLC 基本指令和经典的梯形图程序及其用法；第 4 章介绍 PLC 步进梯形图指令及其用法；第 5 章介绍常用的 PLC 功能指令及其用法；第 6 章介绍三菱 PLC 人机界面设计的使用方法；第 7 章介绍 PLC 通信原理及其与变频器、伺服电机的通信控制方法；第 8 章介绍 PLC 组态方法与设计实例；第 9 章介绍 8 个常见的 PLC 实验训练实例。本书将工程概念贯穿其中，力求理论紧密联系实践、虚实结合。

全书由刘建春、柯晓龙、林晓辉、黄海滨、弓清忠、卢希钏、钱厚亮、申屠美良编写，由刘建春教授进行统稿。其中，第 1 章由集美大学的弓清忠副教授/高级工程师编写，第 2 章由厦门理工学院的刘建春教授和华侨大学的卢希钏老师共同编写，第 3 章、第 4 章由厦门理工学院的柯晓龙副教授编写，第 5 章由厦门理工学院的黄海滨副教授编写，第 6 章、第 7 章由厦门理工学院的林晓辉副教授编写，第 8 章由厦门理工学院的刘建春教授和杭州维讯机器人公司的申屠美良总经理共同编写，第 9 章由南京工程学院钱厚亮高级实验师编写。在本书编写的过程中，吴威、陈勇忠、陈宁义、苏进发、许路、林欣、尹露露等硕士研究生参与了部分图形、程序的录入和整理等工作，在此对他们的辛苦付出表示感谢！

本书提供电子课件、视频教程、慕课、虚拟仿真演示、实验等配套资源，读者可登录华信教育资源网（www.hxedu.com.cn）注册下载。

本书的出版得到了厦门理工学院立项教材资助，在编写的过程中借鉴和参考了同行的相关文献资料，在此表示感谢！

由于编者水平有限，书中难免存在不妥和错误之处，恳请广大读者批评指正。

编者

2020 年 12 月

目　录

第1章 常用低压电器

在完整的电气控制系统中，存在着各种各样的低压电器。它们功能多样、种类各异，但在控制线路中都承担着各自的重要作用。本节主要介绍各种常见的低压电器，如接触器、各类继电器、空气断路器、行程开关、熔断器、主令电器等，为后面的 PLC 控制系统电路的查阅、分析及设计打下相应基础。

1.1 低压电器的基本知识

低压电器是用来实现电路通断、控制、调节、检测等功能的器件的统称，是控制电路的重要组成部分。作为工程技术人员，不仅要了解低压电器的结构原理，而且应掌握低压电器的正确用法。

1.1.1 低压电器的定义

按照电压来区分，通常以 1200V 交流电或 1500V 直流电作为分界线，在此电压以上的器件，称为高压电器；在此电压以下的器件，统称为低压电器。低压电器应用广泛，不仅可以用来控制电路的通断，而且可以用于控制、调节和保护相应的设备。

目前，低压电器的品种越来越多，产品质量越来越好，正向高性能、高可靠性、多功能、小型化、使用方便等方向发展。

1.1.2 低压电器的分类

低压电器种类多样，按照其用途和所控对象，通常分为以下几类。

① 低压配电电器：主要在低压供、配电系统中进行电能的输送和分配。要求低压配电电器工作稳定、准确可靠，如刀开关、转换开关、空气断路器、熔断器等。

② 低压控制电器：主要采用电力方式拖动并控制电路系统。要求低压控制电器小巧轻便、耐用、工作稳定、动作迅速等，如接触器、继电器、主令电器、电阻器、电磁铁等。

③ 低压保护电器：用来保护电机使其安全运行，从而保护设备的安全，如熔断器、热继电器、电压继电器、电流继电器等。

④ 低压执行电器：用来执行某个动作，并运行某个装置，如电磁铁、电磁离合器等。

⑤ 低压主令电器：用于向自动控制系统发送动作指令，如按钮、主令开关、行程开关、主令控制器、转换开关等。

⑥ 可通信电器：可与计算机网络连接的电器，如智能化断路器、智能化接触器及电机控制器等。

1.2　常用的低压电器

常用的低压电器 MP4

1.2.1　接触器

接触器是一种根据输入信号，利用电磁铁控制方式来实现电路系统频繁通断的低压电器。接触器广泛用于自动化控制系统中交/直流主回路的通断控制，并可以进行远距离操作、自动切换、失压（或欠压）保护等。

接触器主要由电磁系统、触点和灭弧装置组成，利用电磁原理进行工作。当接触器内部线圈有电流通过时，线圈电流便会产生磁场；在磁场作用下的静铁芯产生磁力吸引衔铁，从而触发触点动作（常开触点闭合，常闭触点断开）。当线圈失电或电压显著降低时，线圈磁力消失或小于弹簧拉力，弹簧拉着衔铁使触点恢复原位，常闭触点恢复闭合、常开触点恢复断开。如图1-1所示为接触器的符号表示。

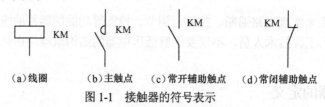

（a）线圈　　　（b）主触点　　　（c）常开辅助触点　　　（d）常闭辅助触点

图1-1　接触器的符号表示

根据电流流过主触头的形式不同，接触器可分为交流接触器（Alternating Current Contactor）与直流接触器（Direct Current Contactor）两种。交流接触器利用交流电使触点通断，不过在其线圈得电后，会产生交变磁场，进而产生涡流和磁滞损耗，导致铁芯发热。直流接触器利用直流电使触点通断，因此直流接触器的铁芯中不产生涡流和磁滞损耗，故不会有发热问题产生。如图1-2所示为交/直流接触器实物图。

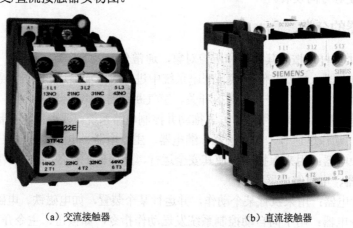

（a）交流接触器　　　　　　　　（b）直流接触器

图1-2　交/直流接触器实物图

1.2.2　继电器

继电器是一种通过检测外界某种输入信号（电信号或非电信号）的变化，自动接通和断开控制回路、改变电路状态的电器。继电器常用于控制回路中的信号反馈。一般来说，输入电路中存在的感应元件感受到外界输入量（如电流、电压、温度、压力等）变化时，继电器便会将这种信号与设定值相比较，进而控制继电器的动作，达到控制回路的目的。常用的继电器主要包括电流继电器、电压继电器、中间继电器和时间继电器等。电磁式继电器是一种常见的继电器形式，主要由铁芯、衔铁、线圈、释放弹簧与触点等部分组成。

继电器种类繁多，下面仅介绍电流/电压继电器、中间继电器和时间继电器等几种较为典型的电磁式继电器，如图1-3所示。

（a）电压继电器　　　　　　　　（b）中间继电器　　　　　　　　（c）时间继电器

图1-3　几种不同的电磁式继电器

1. 电流/电压继电器

电流继电器（Current Relay）是根据输入（线圈）两端电流的大小来控制电路工作的继电器，其线圈串联到主电路，通过感知电流变化来保护电路。按用途划分，电流继电器可分为过电流继电器和欠电流继电器。

对于过电流继电器而言，当电路中的电流超过设定值时，电流继电器中的衔铁闭合，控制接触器断开电路电流，从而起到保护电路的作用。而在欠电流继电器中，当电路中的电流低于设定值时，继电器动作，使衔铁断开（在正常电流时，衔铁处于闭合状态），控制器断开电路电流，从而保护电路。因此，当电路中的电流大于设定电流值时，过电流继电器工作；反之，当电路中的电流低于设定电流值时，欠电流继电器工作。欠电流继电器一般是自动复位的。

类似地，电压继电器（Voltage Relay）是根据输入（线圈）两端电压的大小来控制电路工作的继电器。按用途划分，电压继电器可分为过电压继电器和欠电压继电器。

当电路中的电压高于设定值时，电压继电器中的衔铁闭合，控制接触器断开电路电压，从而保护电路。在直流电路中，由于通常没有明显的电压波动情况，因此没有直流过电压继电器。在欠电压继电器电路中，正常情况下，衔铁处于吸合状态。当电路中的电压低于设定值时，继电器动作，使衔铁断开，控制器断开电路电流，进而保护电路。

电流继电器符号见表1-1，电压继电器符号见表1-2。

表1-1　电流继电器符号

名称	符号	名称	符号
欠电流继电器	$I<$ KI	过电流继电器	$I>$ KI

表 1-2　电压继电器符号

名称	符号	名称	符号
欠电压继电器	$U<$ KV	过电压继电器	$U>$ KV

2．中间继电器

中间继电器（Auxiliary Relay）可用于其他继电器的扩容使用，从而增加触点数量。中间继电器的动作十分灵敏，在控制电路系统中主要负责逻辑转换和电路状态记忆。

中间继电器的工作原理和交流接触器基本类似，通常比交流接触器的触点多，触点容量相对较小，也属于电压继电器的一种，通常比电压继电器的触点多，且运行通过的电流相对较大一些。

中间继电器的符号如图 1-4 所示。

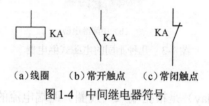

（a）线圈　　（b）常开触点　　（c）常闭触点

图 1-4　中间继电器符号

3．时间继电器

继电器感应元件从接收到外界信号变化到输出信号使执行元件动作会经过一个特定的、预先设定好的时间长度，这样的继电器称为时间继电器（Time Delay Relay）。

时间继电器一般有通电延时型和断电延时型两种。对于通电延时型时间继电器，继电器收到外界输入信号后，再延时一定时间，执行元件才发生动作，但在输入信号消失后，执行元件瞬间复原。而对于断电延时型时间继电器，当外界输入信号消失后，再延时一定时间，执行元件才能复原。时间继电器的符号说明（名称、符号）见表 1-3。

表 1-3　时间继电器的符号说明

名称	符号		名称	符号	
通电延时型继电器	线圈	KT	断电延时型继电器	线圈	KT
	通电延时闭合常开触头	KT		断电延时闭合常闭触头	KT
	通电延时断开常闭触头	KT		断电延时断开常开触头	KT

1.2.3　主令电器

主令电器（Master Switch），顾名思义是一种专门发号施令的电器。在电路中，主令电器发出指令，改变电路的运行状态，可用于断开和闭合控制电路，如电机的启动、停止及调速等。它可直接作用于电路，也可通过电磁电器间接控制电路。

主令电器种类较多，应用广泛。常见的主令电器包括按钮、行程开关、接近开关、万能转换开关等。

1.　按钮

按钮（Button）主要用于小电流控制回路中电路的通断控制。其操作简单，控制方便，是一种广泛使用的主令电器。

按钮通常由按钮帽、复位弹簧、桥式动/静触点和外壳等组成。如图 1-5 所示为一种常见的自复位按钮。当按下该按钮时，其常闭触头断开，常开触头闭合。当松开按钮后，在弹簧复位力的作用下，按钮自动复原。另外，还有一种按钮，第一次按下后，机械结构锁定，手放开后不复原；而在第二次按下后，锁定机构脱扣，手放开后可自动复原。这样的按钮称为自保持按钮。

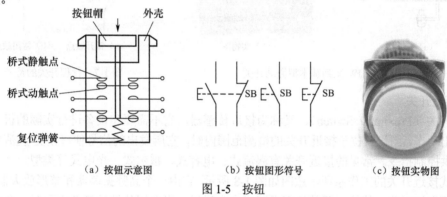

（a）按钮示意图　　　　　　（b）按钮图形符号　　　　　（c）按钮实物图

图 1-5　按钮

按照按钮的结构来分，主要有 4 种类型：①紧急式，其上端通常装有蘑菇形状的键帽，主要用于紧急情况的电路制动，如急停按钮；②旋钮式，主要采用旋转式操作；③指示灯式，在键帽中装入一个信号指示灯，以显示通断状况；④钥匙式，需要插入钥匙才可进行操作。

在日常生产和生活中，为了减少失误操作，通常将按钮帽做成不同颜色以示区分并表示一些具体的含义，主要的颜色有红、绿、黑、黄、蓝、白等。

① 红色按钮代表"停止"或"急停"。当按下红色按钮时，立即停止工作或做断电处理。

② 绿色按钮代表"启动"。

③ 黑白、白色或者灰色按钮代表此按钮是"启动"与"停止"交替进行的，注意此类按钮不能使用红色和绿色。

④ 黑色按钮代表点动控制。

⑤ 蓝色按钮代表复位操作。不过，如果此按钮同时兼有停止的功能，则必须使用红色。

2.　行程开关

行程开关（Limit Switch），也称为限位开关，在电路中主要用于位置信息的检测。行程开关利用与生产机械的接触撞击来发出命令，从而达到控制生产机械的动作方向和行程的长短的目的。行程开关一般安装在生产机械的终点或某一位置，进而限制生产机械的行程。

从结构来看，行程开关由 3 部分组成：操作头、触头系统和外壳。感测部分通常位于操作头中，机械结构发出的动作信号由感测部分接收，从而传递给触头系统。接着，触头系统将信号转换成电信号进行动作的执行，输出到控制回路使行程开关按要求动作。

微动开关（Micro Switch），是一种尺寸和行程都很小的行程限位开关。如图 1-6 所示为一种常见的 JW 系列基本型微动开关。该微动开关由触头、弹簧、操作旋钮和胶木壳体组成。当外部作用力施加到操作旋钮上时，该操作旋钮通过弹簧卷收器的动作向下移动，常闭触点断开，常开触点接通。当外部作用力被去除时，触点自动通过弹簧力复位。微动开关小巧灵敏，适用于小型机构。由于操作允许下的极限行程很小，微动开关的机械强度不高，使用时必须注意避免撞坏。

行程开关的符号通常如图 1-7 所示。

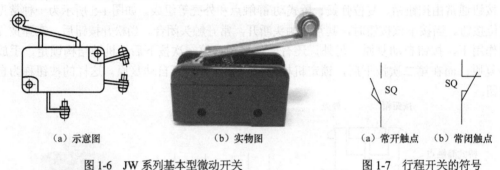

（a）示意图　　　　　　　　（b）实物图　　　　　（a）常开触点　（b）常闭触点

图 1-6　JW 系列基本型微动开关　　　　　　　图 1-7　行程开关的符号

3．接近开关

接近开关（Proximity Switch），又称为接近传感器，它不需要和设备进行实际的机械接触就可以发出动作，当设备位于接近开关的检测范围内时，它所发出的信号便可使交/直流电器给计算机提供控制指令。常见的接近开关有涡流式、电容式、霍尔式、光电式等类型。

涡流式接近开关的工作原理示意图如图 1-8 所示。它由一个高频振荡器和整形放大器组成，高频振荡器产生振荡，使接近开关的表面形成交变磁场，当金属体接近开关表面时，会产生一定的涡流，吸收高频振荡器的能量来削弱并停止振荡。振荡和停止振荡这两种不同的状态通过整形放大器转换成的信号来显示，从而检测位置信息。

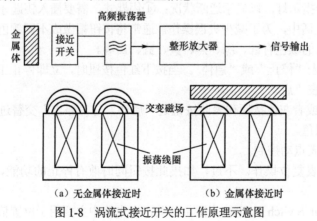

（a）无金属体接近时　　　　　　（b）金属体接近时

图 1-8　涡流式接近开关的工作原理示意图

光电开关是另一种典型的接近开关，其符号和实物图分别如图 1-9 和图 1-10 所示。

SQ

图 1-9　光电开关符号

（a）槽式光电开关　　　　　（b）对射式光电开关

图 1-10　光电开关实物图

4．万能转换开关

万能转换开关（Control Switch），是由电路中很多组具有相同触点的结构相互叠装形成的多回路控制电器。在各种配电设备中，万能转换开关可以进行线路的换接与遥控，也可控制小容量电机的运转、停止和调速等。万能转换开关在实际应用中需要的接线多，用途广泛。

万能转换开关的组合形式多样，通断关系十分复杂。要掌握其电气控制设计，熟悉开关触点通断图表是非常重要的。下面以 ABG12-2.8N/3 电机可逆转换开关为例，简要介绍开关触点通断图表的基本表示方法。

如图 1-11 所示为 ABG12-2.8N/3 电机可逆转换开关的触点通断图，图中 3 条垂直虚线表示转换开关手柄的 3 个不同操作位置，分别代表正转、停止和反转 3 种工作状态；水平线表示端子引线；数字对①-②、③-④……表示 6 对触点号；在垂直虚线与水平线相交处的黑点表示该对触点是接通的，否则是断开的。

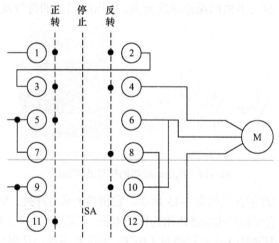

图 1-11　ABG12-2.8N/3 电机可逆转换开关的触点通断图

表 1-4 为 ABG12-2.8N/3 电机可逆转换开关的通断表，它以表格形式表示出开关的工作状态、手柄操作位置和触点对编号等，通常表中以"×"号表示触点接通、以"—"号或空白表示触点断开。如表 1-4 中，手柄位于中间时，电机停止；手柄顺时针旋转 45°，触点对①-②、③-④、⑦-⑧和⑨-⑩接通，电机反转。不难看出，触点通断图和通断表是一一对应的两种表示方法，因此，它们也可以合在一起，组成触点通断图表。

特别需要指出的是，对于一些触点形式特别复杂的开关，如 LW2、LWX1 系列等，触点通断图表上还有必要示出其各层的触点形式代号。限于篇幅，本章不予介绍。

表 1-4　ABG12-2.8N/3 电机可逆转换开关的通断表

工作状态	手柄位置	触点对					
		①-②	③-④	⑤-⑥	⑦-⑧	⑨-⑩	⑪-⑫
正转	◆(左)	×	×	×	—	—	×
停止	◆	—	—	—	—	—	—
反转	◆(右)	×	×	—	×	×	—

1.2.4　低压断路器

低压断路器，又称自动空气断路器（Automatic Circuit Breaker）、自动空气开关或自动开关。低压断路器可用于正常负载电流的手动通断控制，也可用于过载电流的自动分断控制，从而起到电流保护作用。和接触器不同的是，低压断路器虽然允许切断短路电流，但允许操作的次数较少，不适宜频繁操作。

低压断路器主要由触头系统、操作机构和保护元件组成。触头系统中的主触头通常由耐弧合金（如银钨合金）制成，采用灭弧栅片灭弧。操作机构较复杂，其通断可用手柄操作，也可用电磁机构操作，大容量的断路器也可采用电机操作。保护元件即自动脱扣装置，可应付各种故障，使触点瞬时动作，而与手柄的操作速度无关。低压断路器的符号及实物图如图 1-12 所示。

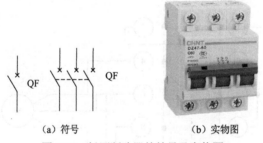

（a）符号　　　　　　　　（b）实物图

图 1-12　低压断路器的符号及实物图

低压断路器的工作原理示意图如图 1-13 所示。它相当于闸刀开关、熔断器、热继电器和欠电压继电器的组合，是一种自动切断电路故障用的保护电器。正常工作时，主触头 2 串联于主电路中，处于闭合状态，此时传动杆锁钩 3 被杠杆锁扣 4 扣住。低压断路器一旦闭合后，由机械连锁保持主触头闭合，而不消耗电能。传动杆锁钩 3 被扣住后，分闸弹簧 1 被拉长，存储了能量，为开断做准备。过电流脱扣器 6 的线圈串联于主电路中，当电流为正常值时，衔铁吸力不够，处于打开位置。当电路电流超过规定值时，电磁吸力增加，过电流脱扣器 6 的衔铁吸合，通过杠杆锁扣 4 使传动杆锁钩 3 脱开，主触头 2 在分闸弹簧 1 的作用下切断电路，这就是过电流保护；当电压过低（欠压）或失压时，欠压（失压）脱扣器 8 的衔铁释放，同样由杠杆锁扣 4 使传动杆锁钩 3 脱开，切断电路，实现了失压保护；当过载时，热脱扣器 7 的双金属片弯曲，也通过杠杆锁扣 4 使传动杆锁钩 3 脱开，主触点电路被切断，从而完成过负荷保护。同时，可采用手动操作方式，按下 SB 按钮，分励脱扣器 9 闭合，带动杠杆锁扣 4 使传动杆锁钩 3 脱开，切断电路，实现手动操作。

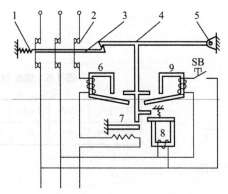

1—分闸弹簧；2—主触头；3—传动杆锁钩；4—杠杆锁扣；5—铰链轴；
6—过电流脱扣器；7—热脱扣器；8—欠压（失压）脱扣器；9—分励脱扣器

图 1-13　低压断路器的工作原理示意图

低压断路器常用作电路的过载与短路保护，或用于调试时的电路通断控制。其选用通常遵照以下标准：①断路器额定电压不小于线路额定电压；②断路器额定电流不小于线路或设备额定电流；③断路器的通断能力不小于线路中可能出现的最大短路电流。

1.2.5　熔断器

熔断器（Fuse），是一种结构简单、使用方便、价格低廉的保护电器。它主要利用熔体的熔化作用而切断电路，适用于交流低压配电系统，作为线路的过负载及系统的短路保护，广泛用于供电电路和电器设备的短路保护。熔断器作为过负载及短路保护电器，具有分断能力强、限流特性好、结构简单、可靠性高、使用方便、价格低等许多优点，因此得到了广泛的应用。

熔断器通常由熔体及支持件组成。熔体常制成丝状或片状，熔体的材料一般有两种：一种是低熔点材料，如铅锡合金、锌等；另一种是高熔点材料，如银、铜等。支持件是底座与载熔件的组合。支持件的额定电流表示配用熔体的最大额定电流。熔断器的符号和实物图如图 1-14 所示。

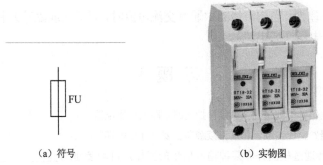

（a）符号　　　　　　　　　（b）实物图

图 1-14　熔断器的符号和实物图

熔断器的作用原理可用保护特性或安秒特性来表示。所谓安秒特性，是指熔化电流与熔化时间的关系，如图 1-15 和表 1-5 所示。

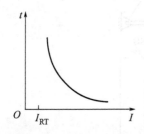

图 1-15　熔断器的安秒特性

表 1-5　熔断器的安秒特性

熔断电流	$1.25I_{RT}$	$1.6I_{RT}$	$2I_{RT}$	$2.5I_{RT}$	$3I_{RT}$	$4I_{RT}$
熔断时间	∞	1h	40s	8s	4.5s	2.5s

1.2.6　变压器

变压器（Transformer），是一种利用电磁感应的原理来改变交流电压的装置，其主要功能包括电压变换、电流变换、阻抗变换、隔离、稳压（磁饱和变压器）等。按用途划分，变压器可分为电力变压器和特殊变压器（如电炉变、整流变、工频试验变压器、调压器、中频变压器、高频变压器、电子变压器、电抗器、互感器等）。变压器的外形图如图 1-16 所示。变压器由铁芯（或磁芯）和线圈组成，线圈有两个或两个以上的绕组，其中接电源的绕组称为初级线圈，其余的绕组称为次级线圈。

图 1-16　变压器外形图

变压器的工作原理为：当初级线圈中通有交流电流时，铁芯（或磁芯）中便产生交流磁通，使次级线圈中感应出电压（或电流）。

习　题　1

1-1　什么叫低压电器？请列举几个可以保护线路短路的低压电器。

1-2　什么是接触器？交流接触器和直流接触器主要有什么区别？

1-3　继电器是一种通过检测外界某种输入信号的变化，自动接通或_____控制回路，并改变_____的电器。常用的继电器主要包括_____继电器、_____继电器、_____继电器和_____继电器等。

1-4　启动按钮通常采用_____色，停止按钮通常采用_____色。

1-5　按钮和行程开关有什么不同？各起什么作用？

1-6　低压断路器，又称为_____，它不仅可用于正常负载电流的手动通断控制，也可用于_____电流的自动分断控制，从而起到电流保护作用。

1-7　什么是熔断器？简述熔断器的主要工作原理。

第2章 PLC 概述

可编程逻辑控制器（Programmable Logic Controller，PLC）是一种数字式的电子控制、执行装置。由用户根据相应厂商提供的指令系统、编程方式编写程序，并在用户程序存储器中按顺序存储指令集合，执行顺序、逻辑、计时、延时、运算等程序，通过模数转换、数模转换、输入/输出（I/O）接口等控制各种机械、电机、电气等执行机构。PLC 应用的扩展速度取决于其接口的发展，随着当代工业自动化工作环境的要求越来越高，以及当代计算机、超大规模集成电路（VLSI）、微电子、半导体、网络等相关技术的高速发展，与之息息相关的 PLC 也得到了高速发展。

2.1 PLC 发展历程及现状

2.1.1 PLC 起源及发展历程

20 世纪 60 年代，传统分布式的集散控制系统主要由继电器控制系统构成。当时汽车的每一次改型，都会导致汽车生产线上的继电器控制装置及其相关执行机构的重新设计、安装。随着汽车工业的快速发展，汽车产品更新迭代频率加快，继电器控制系统需要频繁变更设计和安装，严重制约了生产进度。1969 年，为了改变这一现状，通用汽车公司提出将计算机和继电器的优点结合起来设计一种新型的工业控制装置，希望用新控制系统来取代继电器控制系统，并提出了以下 10 项招标指标：

① 编程快捷，可在工业制造车间现场，甚至生产线上编程、修改程序；
② 维修方便，方便制造扩展及执行机构维护，采用模块化结构；
③ 接口丰富，抗干扰，可靠性高于继电器控制系统；
④ 体积小于继电器控制系统；
⑤ 互通互联，数据可直通上位机管理系统；
⑥ 成本控制，使得成本可与继电器控制系统竞争；
⑦ 电源要求有普适性，适合常见的各类电气电源；
⑧ 适应面广，普通输出（AC115V，2A 以上）能直接驱动电磁阀、接触器等；
⑨ 在扩展时，原系统不改变硬件或者只需要进行很少量的变更；
⑩ 用户的应用规模保持可扩展，其应用程序的存储器容量至少能扩展到 4KB。

1969 年，美国数字设备公司（DEC）研制出第一台 PLC，并在通用汽车的自动装配线上试用且获得了成功。这种新型的工业控制装置，以其体积小、可变性好、可靠性高、使用寿命长、简单易懂、操作维护方便等一系列优点，很快就在美国的食品、饮料、冶金、造纸等行业得到推广应用。

PLC 的横空出世，立刻受到世界上许多国家的高度重视。1971 年起，日本、欧洲各国陆续引进美国技术，分别开展 PLC 的研究，并研制出各自的 PLC。我国起步较晚，到 1977 年才开始投入工业控制应用领域。早期模块化的 PLC 采用大量分立元件和中小规模集成电路，存储器主要采用磁芯存储器。20 世纪 70 年代，通用型 8/16 位微处理器的出现使 PLC 发生了巨变。美、德、日的一些厂家先后开始采用微处理器作为 PLC 的微处理器，这样使 PLC 在原有顺序、时间、时序外的控制功能大大增强，在软件方面和硬件方面都得到了极大的提升。进入 20 世纪 80 年代，随着超大规模集成电路技术的迅速发展，微处理器的处理速度及可靠性越来越好，价格普遍下降，使企业大规模应用成为可能。为了进一步提高 PLC 的处理速度，丰富接口功能，各类逻辑处理芯片、接口芯片纷纷问世，使 PLC 的应用范围得到进一步扩展。

2.1.2 国内外 PLC 发展现状

目前，世界上约有 200 家 PLC 的知名生产厂商，400 多个品种的 PLC 产品。其中，市场占有率高的品牌主要包括美国的罗克韦尔、通用电气，德国的西门子、施耐德，日本的三菱、松下、富士、欧姆龙，韩国的三星、LG 等。这些品牌占领全世界从医疗仪器行业到工业生产、从工业到民用的 80%以上 PLC 市场份额，其系列产品从只有几十个 I/O 点的小型 PLC 到模块化的上万个 I/O 点的大型 PLC，应有尽有，如西门子的 S7 系列，三菱的 FX 小型系列、Q 中大型系列等。

国内 PLC 自 1974 年开始，经过多年的自力更生发展，以及改革开放后与市场化发展相适应，逐步使国内中小型 PLC 产品丰富起来，但就应用而言，尚未形成颇具规模的生产能力，市场占有率有限。各个厂商主要将精力集中于中小型 PLC，典型品牌如台达、永宏、盟立、利时及福建厦门海为等，已在各个工业行业中成功应用。

2.2 PLC 的分类及基本组成

2.2.1 PLC 的分类

PLC 的分类 MP4

1. 按照 I/O 点数分类

传统的 PLC 发展至今，按照 I/O 点数可分为小型 PLC、中型 PLC、大型 PLC。

（1）小型 PLC

小型 PLC 的 I/O 点数通常小于 256 点。典型机型如：美国通用电气（GE）的 GE-I 型，美国德州仪器（TI）的 TI10，日本三菱的 FX 系列，日本欧姆龙的 C20、C40，德国西门子的 S7-200/1200。

（2）中型 PLC

中型 PLC 的 I/O 点数通常介于 256～2K（1K=2^{10}=1024）点之间。典型机型如：日本三菱的 Q 系列、德国西门子的 S7-300、日本欧姆龙的 C-500。

（3）大型 PLC

大型 PLC 的 I/O 点数大于 2K 点。典型机型如：德国西门子的 S7-400、美国 GE 的 GE-IV、日本欧姆龙的 C-2000。

随着计算机技术和大规模集成电路的发展，三菱 FX5U PLC 的 I/O 点数最大可达 256 点，远程 I/O 点数最大可达 384 点，二者合计点数最大可达 512 点，用户程序存储器容量可达 64KB，其性能已非常接近中型 PLC。

2. 按照 PLC 结构形式分类

PLC 按照结构形式主要可分为整体式 PLC 和模块式 PLC 两类。

（1）整体式 PLC

一般小型 PLC 采用整体式封装，并外加若干扩展单元。整体式 PLC 将电源、中央处理器（CPU）、程序存储区（包含系统程序和用户程序存储区）、I/O 单元及接口甚至转换、通信等部件都集中装在一个装置内，特点是结构紧凑、体积小、价格低。扩展单元包括基本功能单元（I/O 模块和电源）和特殊功能单元（模拟量单元、位置控制单元等）。

（2）模块式 PLC

将 PLC 的各组成部分封装成单独的模块，如 CPU 模块（含存储器）、外扩的存储器、I/O 模块、电源模块及各种功能模块。模块式 PLC 由各种模块组成，模块装在框架或基板的插座上。模块式 PLC 的特点是配置灵活，可根据需要选配不同规模的系统，而且装配方便，便于扩展和维修，中大型 PLC 一般采用这种结构。

目前，市场上出现了将各自独立的 CPU 模块、电源模块、I/O 模块靠电缆进行连接，并且各模块可以层叠起来的 PLC，这种形式称为叠装式 PLC。叠装式 PLC 配置灵活、体积小巧。

目前三菱 PLC 主要为整体式 PLC 和模块式 PLC，其控制核心基本由微处理器中心执行相应程序，如图 2-1 所示。

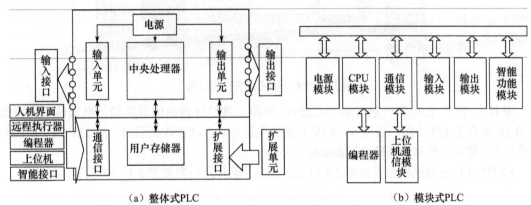

（a）整体式PLC　　　　　　　　　　　　　　（b）模块式PLC

图 2-1　PLC 组成示意图

以 FX5U-32M 整体式 PLC 为例组成的 PLC 应用系统如图 2-2 所示。

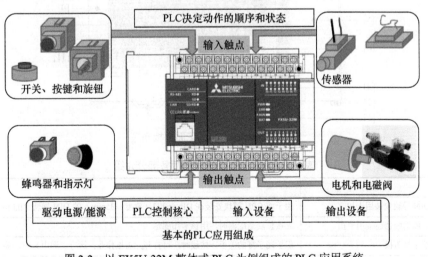

图 2-2　以 FX5U-32M 整体式 PLC 为例组成的 PLC 应用系统

2.2.2 PLC 的基本组成

PLC 应用系统的硬件组成除电源外，其核心硬件除中央处理器、存储器（EPROM、RAM 等）外，还包括各种扩展设备及输入设备、输出设备，有时甚至还包括一些扩展的设备转接口、扩充不同网络协议接口、智能输入单元、智能输出单元等，如图 2-3 所示。

PLC 的基本组成 MP4

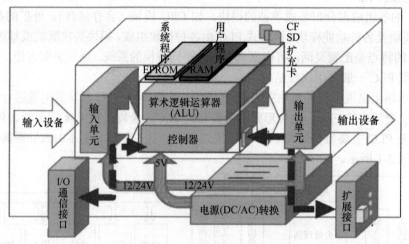

图 2-3　PLC 的核心硬件结构组成

整体式 PLC 的电源一般外接 AC220V 电源，并经过内部的开关稳压电源转换成直流 5V/3.3V 和直流 12V/24V。直流 5V/3.3V 电源提供给中央处理器作为驱动，而 12V/24V 电源则提供给 I/O 模块及外部功能模块作为驱动。

FX5U PLC 正面面板布置如图 2-4 所示，各部分名称及内容见表 2-1。

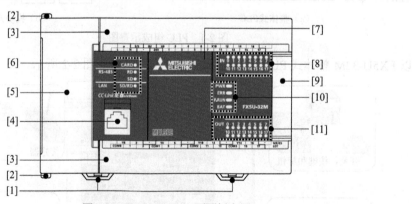

图 2-4　FX5U PLC 正面面板布置

表 2-1　FX5U PLC 正面面板各部分介绍

编号	名称	内容
[1]	DIN 导轨安装用卡扣	用于将 CPU 模块安装在 DIN46277（宽度：35mm）的 DIN 导轨上的卡扣
[2]	扩展适配器连接用卡扣	连接扩展适配器时，用该卡扣固定
[3]	端子排盖板	保护端子排的盖板。接线时，可打开此盖板作业；运行（通电）时，关上此盖板
[4]	内置以太网通信用连接器	用于连接支持以太网的设备的连接器（带盖）

· 14 ·

编号	名称	内容
[5]	上盖板	保护 SD 存储卡槽、RUN/STOP/RESET 开关等的盖板。内置 RS-485 通信用端子排、内置模拟量 I/O 端子排、RUN/STOP/RESET 开关、SD 存储卡槽等在此盖板下
[6]	CARD LED	显示 SD 存储卡是否可以使用。灯亮：可以使用，或不可拆下；闪烁：准备中；灯灭：未插入，或可拆下
	RD LED	用内置 RS-485 通信用端子接收数据时灯亮
	SD LED	用内置 RS-485 通信用端子发送数据时灯亮
	SD/RD LED	用内置以太网通信用连接器收/发数据时灯亮
[7]	连接扩展板用的连接器盖板	保护连接扩展板用的连接器、电池等的盖板。电池安装在此盖板下
[8]	输入显示 LED	输入接通时灯亮
[9]	次段扩展连接器盖板	保护次段扩展连接器的盖板。将扩展模块的扩展电缆连接到位于盖板下的次段扩展连接器上
[10]	PWR LED	显示 CPU 模块的通电状态。灯亮：通电中；灯灭：停电中，或硬件异常
	ERR LED	显示 CPU 模块的错误状态。灯亮：发生错误中或硬件异常；闪烁：出厂状态，发生错误中，硬件异常或复位中；灯灭：正常动作中
	P.RUN LED	显示程序的动作状态。灯亮：正常动作中；闪烁：PAUSE 状态；灯灭：停止中，或发生停止错误中
	BAT LED	显示电池的状态。闪烁：发生电池错误中；灯灭：正常动作中
[11]	输出显示 LED	输出接通时灯亮

打开 FX5U PLC 正面面板的布置如图 2-5 所示，各部分名称及内容见表 2-2。

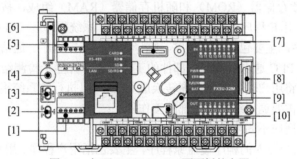

图 2-5　打开 FX5U PLC 正面面板的布置

表 2-2　打开 FX5U PLC 正面面板的各部分介绍

编号	名称	内容
[1]	内置 RS-485 通信用端子排	用于连接支持 RS-485 设备的端子排
[2]	RS-485 终端电阻切换开关	切换内置 RS-485 通信用端子的终端电阻的开关
[3]	RUN/STOP/RESET 开关	操作 CPU 模块动作状态的开关 RUN：执行程序 STOP：停止程序 RESET：复位 CPU 模块（倒向 RESET 侧，并保持约 1s）
[4]	SD 存储卡使用停止开关	拆下 SD 存储卡时停止存储卡访问的开关
[5]	内置模拟量 I/O 端子排	用于使用内置模拟量功能的端子排

编号	名称	内容
[6]	SD 存储卡槽	安装 SD 存储卡的槽
[7]	连接扩展板用的连接器	用于连接扩展板的连接器
[8]	次段扩展连接器	连接扩展板模块的扩展电缆的连接器
[9]	电池座	存放选件电池的支架
[10]	电池用接口	用于连接选件电池的连接器

2.2.3　PLC 的中央处理器

PLC 的核心部件是中央处理器（CPU），其控制系统读取程序、解释程序并按顺序执行程序。CPU 完成的功能如下：

① 运行前，CPU 运行诊断程序，诊断电源、PLC 内部电路的工作状态和故障，调试进入用户程序区的运行前程序；

② 控制从外部编程器、人机界面等输入设备的用户程序和运算数据的接收及存取；

③ 通过扫描方式接收 I/O 设备的现场状态及数据，并汇编存入输入状态对应表格或者相应数据存储器中；

④ 进入运行状态后，按命令逐条读取用户程序中的指令，执行相应的数据传送、逻辑、算术运算等指令；

⑤ 控制指令的对应动作时序，更新对应的寄存器中的状态标志位和控制标志位，并控制输出设备的动作、通信等功能。

2.2.4　PLC 的存储器

存储器通常由只读存储器（ROM）和随机存储器（RAM）组成，按照其用途可将存储器区域分为系统程序区、用户程序区和程序运行区。其中，系统程序区（EPROM）存储厂家提供的功能不同的系统程序，主要包括诊断程序、翻译程序、监控程序、通信程序等。

① 诊断程序负责 PLC 通电后检测各部件的工作状态，并显示检测结果；

② 翻译程序负责将用户输入控制程序转换成 CPU 可以执行的系统指令集合；

③ 监控程序根据需要调用编程器内部的工作程序；

④ 通信程序负责适应不同协议通信模块的系统程序。

随机存储器中，用户写入的程序覆盖原程序，主要包括用户程序、用户数据。读出操作时，随机存储器中的内容保持不变；掉电时锂电池负责供电。

① PLC 的用户程序（Program）经过处理后放在 RAM 的地址区。

② 功能存储区用来存放逻辑变量，输入继电器、输出继电器、内部继电器、定时器、计数器、移位继电器等的对应变量。

③ 内部程序使用的存储单元对应于 I/O 接口数量、保持定时器数量、定时器数量、计数器数量等。该存储单元的容量关系到用户存储器的容量，用户程序区的大小关系到用户程序的字长（1 字长 16 位）和内部程序使用的存储单元数量。

2.2.5　PLC 的 I/O 模块

用户程序区中的 I/O 设备在 PLC 执行过程中，需要调用外部接口信息及包含对应执行的电机、电气、电液机构等 I/O 模块。

I/O 模块主要包含数字开关量元件和模拟量信号元件。典型的数字开关量元件包含按钮、选择开关、行程开关、继电器触点、接近开关、光电开关、数字式编码开关、各种外部光电传感器输入等。典型的模拟量信号元件则以电位器、测速发电机和各种变送器为代表。为了防止强电干扰，模拟量信号元件利用光电效应，通过输入端的光电二极管，与输入信号变化规律相关的信号经过耦合，则光敏元件的导通程度与电流信号强弱一致。数字开关量元件的接线方式则为汇点式和分隔式接线，汇点式是指一组 I/O 回路公用一个公共端（COM），集中提供电源；分隔式则用于每一组 I/O 回路相互隔离，并且每一组 I/O 回路都由各自的 COM 端和电源提供。

2.3 PLC 的运行原理

2.3.1 PLC 的工作方式

PLC 的工作方式是"顺序扫描，不断循环"，即在 PLC 运行时，CPU 根据存储在存储器中的梯形图或者指令码，按指令序号进行周期性循环扫描，如果没有转移或者跳转指令，则从第一条指令开始逐条按照顺序执行用户程序，直至该程序结束，然后重新返回第一条指令，开始下一轮新的扫描。在每次扫描过程中，各部件上的信号流动过程如图 2-6 所示，完成对输入信号的采样和对输出状态的刷新等工作。PLC 的一个扫描周期必经输入采样、程序执行和输出刷新 3 个阶段。

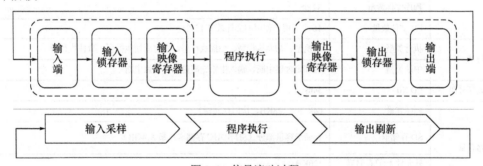

图 2-6　信号流动过程

① 开机扫描首先执行自诊断程序，检查 I/O 接口、存储器、CPU 等，发现异常则停机。

② 检测与编程器、上位机等连接的通信接口是否有通信要求，如果有相应的通信要求，则进行接收、处理、显示等。

③ 输入采样阶段：扫描各个输入接口，把各个输入接口的状态送入输入映像寄存器，即读取输入锁存器中的输入端子通断状态或输入数据，并将其写入输入映像寄存器，然后刷新对应的输入映像寄存器，关闭输入接口通道，准备程序执行。

④ 程序执行阶段：根据用户程序，按顺序扫描执行指令，经过相应的运算和处理后，将运算结果写入输出映像寄存器，改变输出映像寄存器中的内容。

⑤ 输出刷新阶段：执行完用户指令，刷新各输出映像寄存器的状态，并送至输出锁存器，再输出至输出端，驱动继电器、晶体管等输出设备。

2.3.2 PLC 的扫描周期

当 PLC 处于停止状态时，扫描周期只包含自检、通信操作两个过程的循环。当 PLC 处于运行状态时，扫描周期则包含自检、通信操作、输入采样、程序执行、输出刷新 5 个过程的循环。

显然，扫描周期取决于程序执行时间的长短。PLC 的扫描周期一般为毫秒级，这对一般机构来说基本没有影响，而对于高速运动模块，则需要预估扫描周期、滤波时间的影响，精确计算可能的响应时间，合理安排指令和程序，以减少扫描周期长短造成的影响。

FX5U PLC 的主要性能规格见表 2-3。

表 2-3 FX5U PLC 的主要性能规格

项目		规格
控制方式		存储程序反复运算
I/O 控制方式		刷新方式
编程规格	编程语言	梯形图（LD）、结构化文本（ST）、功能块图/梯形图（FBD/LD）
	编程扩展功能	功能块（FB）、结构化梯形图、标签编程（局部/全局）
	恒定扫描	0.2～2000ms（可以 0.1ms 为单位设置）
	固定周期中断	1～6000ms（可以 1ms 为单位设置）
	定时器性能规格	100ms、10ms、1ms
	程序文件数量	32 个
	FB 文件数量	16 个（用户使用的文件最多 15 个）
动作规格	执行类型	待机型、初期执行型、扫描执行型、固定周期执行型、事件执行型
	中断类型	内部定时器中断、输入中断、高速比较一致中断
指令处理时间	LD X0	34ns
存储器容量	程序容量	64k 步（128KB、快闪存储器）
	SD 存储卡	存储卡容量部分（SD/SDHC 存储卡：最大 4GB）
	软元件/标签存储器	120KB
	数据存储器	5MB
快闪存储器（闪存）写入次数		最大 2 万次
最大存储文件数量	软元件/标签存储器	1 个
	数据存储器	P（程序文件数）：32 个 FB（文件数）：16 个
	SD 存储卡	2GB：511 个；4GB：65534 个
时钟功能	显示信息	年、月、日、时、分、秒、星期（自动判断闰年）
I/O 点数	①I/O 点数	256 点以下
	②远程 I/O 点数	384 点以下
	①和②的合计点数	512 点以下
停电保持	保持方法	大容量电容器
	保持时间	10 日（环境温度：25℃）
	所保持数据	时钟数据

2.4 三菱 FX PLC 编程元件

三菱 FX PLC
编程元件 MP4

PLC 程序要执行的指令一般包括软元件。指令的功能是发出命令，软元件是指令的执行对象，比如，SET 为置 1 指令，Y 是 PLC 的一种软元件（输出继电器），"SET　Y" 就是命令 PLC 的输出继电器 Y 的输出状态转变为 1。

PLC 的编程软元件很多，主要包括输入继电器、输出继电器、定时器、计数器、数据寄存器和常数等。而三菱 FX 系列 PLC 有不同的子系列，越高档的子系列，其支持的存储容量、输入/输出继电器数、指令和编程软元件与数据寄存器数量越多。

PLC 是在继电器控制系统基础上发展起来的，继电器控制系统中有时间继电器、中间继电器等，对应的 PLC 内部也有类似的软元件（由于这些被控制的器件以接口形式存在，故称为软元件）。三菱 FX5U PLC 软元件点数见表 2-4。

表 2-4 FX5U PLC 软元件点数

项目		进制	最大点数	
用户软元件点数	输入继电器（X）	8	1024 点	分配到 I/O 的 X、Y 合计为最大 256 点
	输出继电器（Y）	8	1024 点	
	内部继电器（M）	10	32768 点（可通过参数更改）	
	锁存继电器（L）	10	32768 点（可通过参数更改）	
	链接继电器（B）	16	32768 点（可通过参数更改）	
	报警器（F）	10	32768 点（可通过参数更改）	
	特殊链接继电器（SB）	16	32768 点（可通过参数更改）	
	步进继电器（S）	10	4096 点（固定）	
	定时器类　定时器（T）	10	1024 点（可通过参数更改）	
	累计定时器类　累计定时器（ST）	10	1024 点（可通过参数更改）	
	普通计数器类　计数器（C）	10	1024 点（可通过参数更改）	
	长计数器（LC）	10	1024 点（可通过参数更改）	
	数据寄存器（D）	10	8000 点（可通过参数更改）	
	链接寄存器（W）	16	32768 点（可通过参数更改）	
	特殊链接寄存器（SW）	16	32768 点（可通过参数更改）	
系统软元件点数	特殊内部继电器（SM）	10	10000 点（固定）	
	特殊寄存器（SD）	10	12000 点（固定）	
模块访问软元件点数	智能功能模块软元件	10	65536 点（以 U/G 指定）	
变址寄存器点数	变址寄存器（Z）	10	24 点	
	超长变址寄存器（LZ）	10	12 点	
文件寄存器点数	文件寄存器（R）	10	32768 点（可通过参数更改）	
嵌套点数	嵌套（N）	10	15 点（固定）	
指针点数	指针（P）	10	4096 点	
	中断指针（I）	10	178 点（固定）	

项目		进制	最大点数
常数	十进制常数（K） 有符号	—	16 位时：−32768～+32767
			32 位时：−2147483648～+2147483647
	无符号	—	16 位时：0～65535；32 位时：0～4294967295
	十六进制常数（H）	—	16 位时：0～FFFF；32 位时：0～FFFFFFFF
	实数常数（E） 单精度	—	−3.40282347E+38～−1.17549435 E−38、0、
			1.17549435 E−38～3.40282347 E +38
	字符串		Shift_JIS 代码，最大半角 255 字符

更改三菱 FX5U PLC 软元件点数及详细设置等可在编程软件 GX Works3 中修改，具体设置过程如下：【导航】→【参数】→【FX5U CPU】→【CPU 参数】→【存储器/软元件设置】→【软元件/标签存储器区域设置】→【软元件/标签存储器区域详细设置】→【软元件（高速）设置/软元件（标准）设置】→【详细设置】。

2.4.1 输入继电器和输出继电器

1. 输入继电器（X）

输入继电器包括用于产生 PLC 输入的机械开关信号、电气信号、数字信号、电液信号等各种信号的接口和对应执行部件，以及存储对应执行部件的软元件单元。该输入继电器与 PLC 的输入接口端子连接，其一般软元件表示为"X 编号"（此处编号为八进制数），输入继电器与外部对应的输入端子编号是相同的。例如，三菱 FX5U-64MR 表示 PLC 有 32 个输入接口、32 个输出接口，外部有 4 组 8 个输入端子，其编号为 X0～X7、X10～X17、X20～X27、X30～X37，相应地，内部也有 32 个相同编号的输入继电器寄存器接收接口端子输入的数字信号。按照输入电源信号类型分类，输入继电器可分为直流输入继电器、交流输入继电器。

编程中，一个编号相同的常闭触点和常开触点（输入继电器）通常可以重复使用，当某个输入设备接口端子（如 X0）外接开关闭合时，PLC 内部相同编号的输入继电器（X0）的状态变为高电平信号（为 ON），那么程序中按顺序扫描的相同编号常开触点处于闭合，常闭触点则于接电后处于断开。FX5U PLC 的主要输入规格见表 2-5。

表 2-5　FX5U PLC 的主要输入规格

项目		规格
输入形式		漏型/源型
输入信号电压		DC24V +20%、DC 24V −15%
输入信号电流	X0～X17	5.3mA/DC24V
	X20 以后	4mA/DC24V
输入阻抗	X0～X17	4.3kΩ
	X20 以后	5.6kΩ
输入 ON 灵敏度电流	X0～X17	3.5mA 以上
	X20 以后	3.0mA 以上
输入 OFF 灵敏度电流		1.5mA 以下
输入响应频率	X0～X7	200kHz
	X10～X17	10kHz

2. 输出继电器（Y）

输出继电器（常称输出线圈）用于将 PLC 的内部开关信号送出，它与 PLC 输出端子连接，其表示符号为 Y，也按八进制数方式编号，输出继电器与外部对应的输出端子编号是相同的。三菱 FX5U-64MR 外部有 32 个输出端子，其编号为 Y0～Y7、Y10～Y17、Y20～Y27、Y30～Y37。相应地，内部有 32 个相同编号的输出继电器，这些输出继电器的状态由相同编号的外部输出端子送出。

三菱 FX 系列 PLC 支持的输出模式包括继电器、晶体管、可控硅 3 种输出。FX5U PLC 晶体管输出的主要规格见表 2-6。

表 2-6　FX5U PLC 晶体管输出的主要规格

项目		输出规格
输出种类	FX5U-MT/ES	晶体管/漏型输出（可以为 32，64，80 中的任一个）
	FX5U-MT/ESS	晶体管/源型输出
外部电源		DC5～30V
最大负载		0.5A/1 点。输出公共端 4 点 0.8A 以下，8 点 1.6A 以下
开路漏电流		0.1mA 以下/DC30V
ON 时压降	Y0～Y3	1.0V 以下
	Y4 以后	1.5V 以下
响应时间	Y0～Y3	2.5μs 以下/10mA 以上（DC5～24V）
	Y4 以后	0.2ms 以下/200mA 以上（DC24V）

一个输出继电器只有一个与输出端子连接的常开触点（又称硬触点），但在编程时可使用无数个编号相同的常开触点和常闭触点。当某个输出继电器（如 Y0）状态为 ON 时，它除了会使相同编号的输出端子内部的硬触点闭合，还会使程序中的相同编号的输出继电器常开触点闭合、常闭触点断开。

2.4.2　其他继电器

其他继电器包括内部继电器（M）、锁存继电器（L）、链接继电器（B）、步进继电器（S）等。内部继电器是 PLC 的辅助继电器，它与输入继电器、输出继电器最大的不同在于不能接收输入端子的信号，也不能驱动输出端子。内部继电器表示符号为 M，按十进制数方式编号，如 M0～M499、M500～M1023 等。内部继电器是在 CPU 模块内部作为辅助继电器使用的软元件，如果进行以下 3 种操作，内部继电器将全部为 OFF：①CPU 模块的电源 OFF→ON；②复位；③锁存清除。

特殊内部继电器（SM）是 PLC 内部确定规格的内部继电器，因此不能像常规内部继电器那样用于程序中。但是，可根据需要置为 ON/OFF 以控制 CPU 模块。以下列举几个常见的 SM 用法，见表 2-7，其中，SM8000 之后为 FX 兼容区域。

表 2-7　FX5U PLC 常见的特殊内部继电器（SM）用法

编号	名称	内容	编号	名称	内容
SM400（SM8000）	始终为 ON	ON ——— OFF	SM8020	零标志	OFF：零标志 OFF ON：零标志 ON

编号	名称	内容	编号	名称	内容
SM401 （SM8001）	始终为 OFF	ON OFF ———	SM8021	借位标志	OFF：借位标志 OFF ON：借位标志 ON
SM402 （SM8002）	RUN 后仅 1 个扫描 ON	ON ⌐1个扫描 OFF	SM700 （SM8022）	进位标志	OFF：进位标志 OFF ON：进位标志 ON
SM403 （SM8003）	RUN 后仅 1 个扫描 OFF	ON OFF ⌐1个扫描	SM8034	禁止全部输出	OFF：普通动作 ON：禁止全部输出

锁存继电器（L）是 CPU 模块内部使用的可锁存（停电保持）的辅助继电器。即使进行电源 OFF→ON 或者复位的操作，运算结果（ON/OFF 信息）也将被锁存。

链接继电器（B）是在网络模块与 CPU 模块之间作为刷新位数据时 CPU 模块使用的软元件。在 CPU 模块内的链接继电器（B）与网络模块的链接继电器（LB）之间相互收发数据，刷新范围在网络模块的参数中设置，未用于刷新的位置可用于其他用途。

步进继电器（S）是在步进梯形图中使用的重要软元件，与后述的步进顺控指令 STL 配合使用，未用于步进梯形图的位置可用于与辅助继电器相同的用途。

2.4.3 定时器和计数器

1. 定时器

功能：用于定时操作，起延时接通和断开电路的作用。

结构：线圈、内部触点、设定值寄存器（字）、当前值寄存器（字）。

定时原理：对内部时钟脉冲进行计数来完成定时。

3 种时钟脉冲：1ms、10ms、100ms，能实现精确定时（分别用 OUTHS、OUTH、OUT 指令）。OUTHS 指令为 1ms 定时器，OUTH 指令为 10ms 定时器，OUT 指令为 100ms 定时器。

设定值：等于计时脉冲的个数。若用常数 K，可设定为 1～32767。

定时器地址编号：T 地址编号（十进制数），如 T9。

低速定时器、定时器、高速定时器是同一个软元件，可通过定时器的指定（指令的写法）变为低速定时器、定时器或高速定时器。

例如，即使是相同的 T0，指定 OUT T0 时为低速定时器（100ms），指定 OUTH T0 时为定时器（10ms），指定 OUTHS T0 时为高速定时器（1ms）。累计定时器也是如此。

原理：当驱动线圈的信号接通时，开始计时，达到设定值时，输出触点动作；驱动线圈的信号断开或发生停电时，定时器复位，输出触点跟着复位，而累计定时器保持不变。

如图 2-7 所示，定时器的线圈变为 ON 时开始计时。当定时器的当前值与设定值一致时，定时到，定时器触点将变为 ON。当定时器的线圈变为 OFF 时，当前值将变为 0，定时器的触点也将变为 OFF。

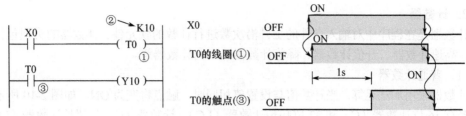

图 2-7　定时器工作原理

如图 2-8 所示，当 X0 为 ON 时，定时器 T0 开始计时。当计时时间达到 0.01×150＝1.5s 时，对应触点 T0 接通，此时 Y0 输出。当 X0 断开时，定时器 T0 线圈断开，Y0 跟着断开。

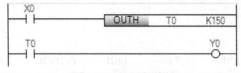

图 2-8　10ms 定时器

如图 2-9 所示，累计定时器的线圈为 ON 时开始计时，即使累计定时器的线圈变为 OFF，也将保持当前值及触点的 ON/OFF 状态。线圈再次变为 ON 时，从保持的当前值开始重新计时。当前值与设定值一致（定时到）时，累计定时器的触点将变为 ON。通过 RST/ST 指令，可将累计定时器的当前值清除，触点恢复为 OFF。

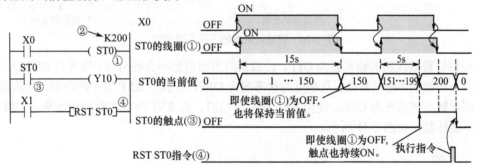

图 2-9　累计定时器工作原理

使用定时器时应注意如下事项。

① 同一定时器线圈每次扫描不得超过一次。如果超过一次，定时器的当前值会在执行每个相应的定时器线圈时更新，因此无法正常执行测量工作。

② 未在每次扫描中执行定时器时，定时器的线圈为 ON，不能通过 CJ 指令等跳过定时器的线圈。定时器的线圈被跳过时，定时器的当前值将不被更新，因此无法正常执行测量工作。此外，子程序内存在定时器，在定时器的线圈为 ON 时，应在每次扫描中仅执行一次包含 T1 线圈的子程序调用；未执行时，将无法正常测量。

③ 在初始执行型程序、恒定周期执行型程序、事件执行型程序中不能使用定时器。在待机型程序中，如通过子程序在一次扫描中执行一次定时器的线圈则可使用。

④ 在中断程序中不能使用定时器。在子程序、FB 程序中，如果在一个扫描周期中执行一次，定时器的线圈仍可以使用。

⑤ 如果设置值为 0，执行下一个周期的线圈指令时，输出触点变为 ON。

⑥ 定时器时限到后，即使将设置值更改为大于当前值的值，定时器还是不动作，仍然保持为时限到时的状态。

2．计数器

计数器是在程序中对输入条件的上升沿次数进行计数的软元件。计数器的类型包括普通计数器、高速计数器、升值计数器、降值计数器、双向计数器等。

（1）普通计数器

计数器采用加法运算，当计数值与设置值相同时，触点将变为 ON，如图 2-10 所示。普通计数器有 16 位计数器（C）和 32 位超长计数器（LC）。计数器（C）与超长计数器（LC）是不同的软元件，可分别设置软元件点数。

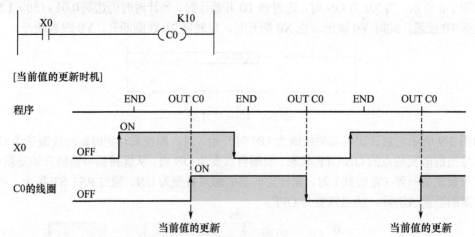

图 2-10　普通计数器的工作原理示例

即使将计数器线圈的输入置为 OFF，计数器的当前值也不会被清除。应通过 RST 指令，进行计数器当前值的清除（复位）及触点的状态变为 OFF。在执行 RST 指令的时刻，计数值即被清除，同时触点也将变为 OFF。使用 RST 指令复位时，在 RST 指令的驱动命令变为 OFF 前，计数器不能计数，如图 2-11 所示。

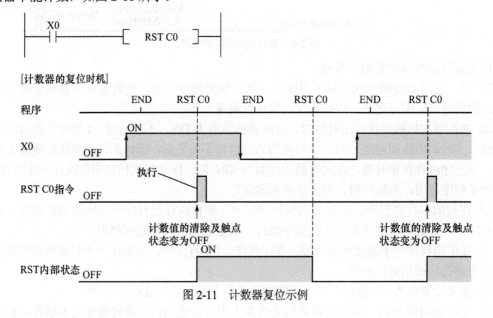

图 2-11　计数器复位示例

（2）高速计数器

高速计数器使用 CPU 模块的通用输入端子及高速脉冲 I/O 模块，对普通计数器无法计测的高速脉冲的输入数进行计数。高速计数器的动作模式有以下 3 种。

① 普通模式：作为一般的高速计数器使用。

② 脉冲密度测试模式：测定从输入脉冲开始到指定时间内的脉冲个数。

③ 转速测定模式：测定从输入脉冲开始到指定时间内的转速。

高速脉冲输入、输出如图 2-12 所示。

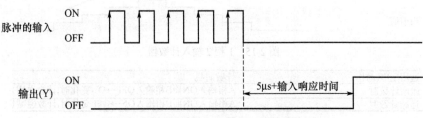

图 2-12　高速脉冲输入、输出（比较值为 5）

高速计数器的类型有：1 相 1 输入计数器（S/W），1 相 1 输入计数器（H/W），1 相 2 输入计数器，2 相 2 输入计数器（1 倍频），2 相 2 输入计数器（2 倍频），2 相 2 输入计数器（4 倍频），内部时钟。如图 2-13 所示为 1 相 1 输入计数器（S/W）的计数方法，图 2-14 所示为 1 相 1 输入计数器（H/W）的计数方法，两者的区别在于 S/W 方式通过软件输入改变计数方向切换位，而 H/W 方式则通过硬件输入改变计数方向切换输入。如图 2-15 所示为 1 相 2 输入计数器的计数方法，图 2-16、图 2-17、图 2-18 分别为 2 相 2 输入计数器（1 倍频）、2 相 2 输入计数器（2 倍频）、2 相 2 输入计数器（4 倍频）的计数方法。如图 2-19 所示为内部时钟的计数方法。

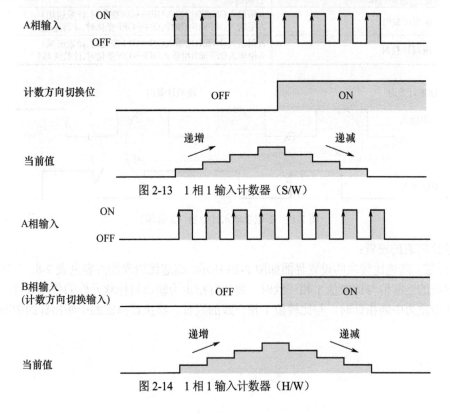

图 2-13　1 相 1 输入计数器（S/W）

图 2-14　1 相 1 输入计数器（H/W）

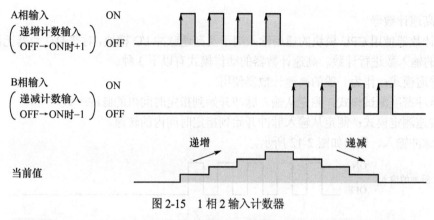

图 2-15　1 相 2 输入计数器

递增/递减动作	计数时机
递增计数时	A相输入ON而B相输入OFF→ON变化时,计数递增1
递减计数时	A相输入ON而B相输入ON→OFF变化时,计数递减1

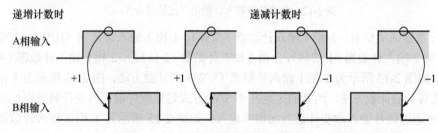

图 2-16　2 相 2 输入计数器（1 倍频）

递增/递减动作	计数时机
递增计数时	A相输入ON而B相输入OFF→ON变化时,计数递增1 A相输入OFF而B相输入ON→OFF变化时,计数递增1
递减计数时	A相输入ON而B相输入ON→OFF变化时,计数递减1 A相输入OFF而B相输入OFF→ON变化时,计数递减1

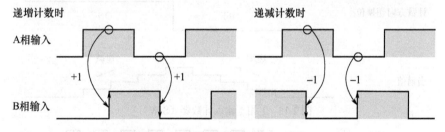

图 2-17　2 相 2 输入计数器（2 倍频）

高速比较表的设置：

①　设置。高速比较表的设置界面如图 2-20 所示，高速比较表的内容见表 2-8。当所设置的高速计数器的当前值与比较值 1 相一致时，将执行指定为输出目标软元件的位软元件。输出目标软元件指定为中断指针时，与比较值 1 相一致的同时，将执行指定的中断指针的中断程序。

递增/递减动作	计数时机
递增计数时	B相输入OFF而A相输入OFF→ON变化时,计数递增1 A相输入ON而B相输入OFF→ON变化时,计数递增1 B相输入ON而A相输入ON→OFF变化时,计数递增1 A相输入OFF而B相输入ON→OFF变化时,计数递增1
递减计数时	A相输入OFF而B相输入OFF→ON变化时,计数递减1 B相输入ON而A相输入OFF→ON变化时,计数递减1 A相输入ON而B相输入ON→OFF变化时,计数递减1 B相输入OFF而A相输入ON→OFF变化时,计数递减1

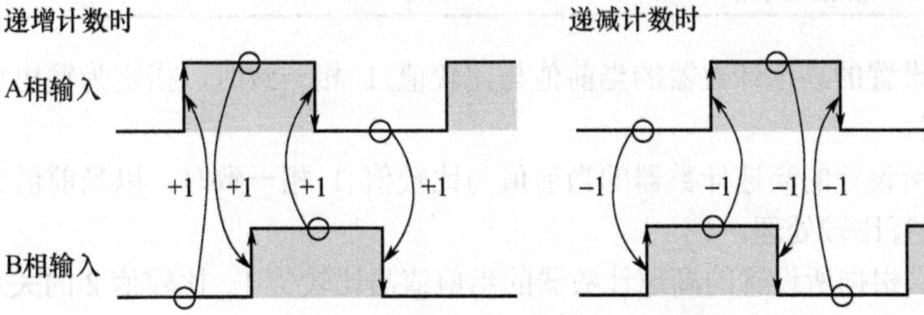

图 2-18 2 相 2 输入计数器（4 倍频）

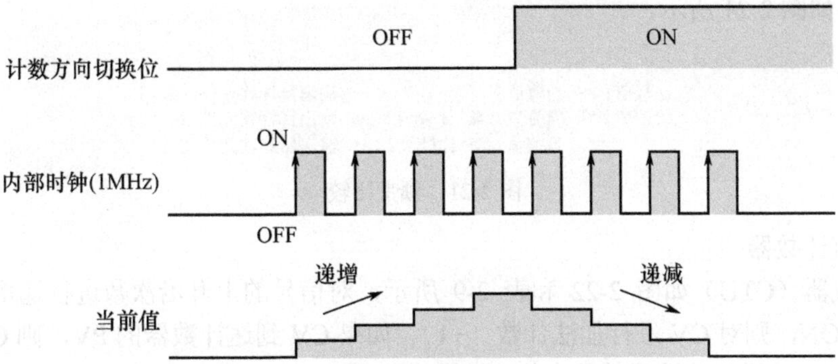

图 2-19 内部时钟

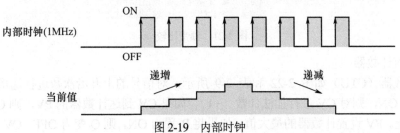

图 2-20 高速比较表的设置界面

表 2-8 高速比较表的内容

项目	内容	设置范围	默认
计数器 CH	设置高速计数器的通道编号.	禁止使用，CH1～CH8	禁用
比较类型	设置高速比较表中使用的高速比较类型	设置、复位、自复位、频带比较	设置
输出目标软元件	通过比较比较值 1 和比较值 2，输出比较结果的输出目标软元件	位软元件（Y、M）、中断指针（I16～I23）	
比较值 1 指定方法	设置比较值 1 的指定方法	直接指定、间接指定	直接指定
比较值 1 直接	设置与高速计数器的当前值进行比较的值（比较值 1）（选择直接指定时）	−2147483648≤比较值 1≤+2147483647	0
比较值 1 间接	设置与高速计数器的当前值进行比较的软元件（比较值 1）（选择间接指定时）	直接指定 间接指定	
比较值 2 指定方法	比较类型设置为频带比较时，设置比较值 2 的指定方法	直接指定 间接指定	

项目	内容	设置范围	默认
比较值 2 直接	比较类型设置为频带比较时，设置与高速计数器的当前值进行比较的值（比较值 2）（选择直接指定时）	比较值 1≤比较值 2≤2147483647	
比较值 2 间接	比较类型设置为频带比较时，设置与高速计数器的当前值进行比较的软元件（比较值 2）（选择间接指定时）	字软元件（D、R）	

② 复位。所设置的高速计数器的当前值与比较值 1 相一致时，指定为输出目标软元件的位软元件将被设置。

③ 自复位。所设置的高速计数器的当前值与比较值 1 相一致时，以当前值为预置值。以后，使用预置值进行比较处理。

④ 频带比较。根据所设置的高速计数器的当前值与比较值 1、比较值 2 的关系，将设置以指定为输出目标软元件的位软元件为起始的 3 点以内的任意一点，余下的复位。不支持高速脉冲 I/O 模块，如图 2-21 所示。

```
                                              设置
比较值1 >   当前值                → 输出目标软元件
比较值1 ≤   当前值   ≤ 比较值2      → 输出目标软元件+1
            当前值   > 比较值2      → 输出目标软元件+2
```

图 2-21　频带比较

（3）升值计数器

升值计数器（CTU）如图 2-22 和表 2-9 所示，对信号的上升沿次数进行递增计数。如果 CU 由 OFF→ON，则对 CV 进行加法计数（+1）。如果 CV 到达计数器的 PV，则 Q 变为 ON，加法计数停止。PV 设置计数器的最大值。如果将 R 置为 ON，则 Q 变为 OFF，CV 被设置为 0。升值计数器（PV=3）的时序图如图 2-23 所示。

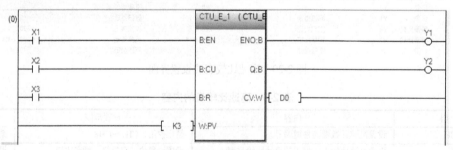

图 2-22　升值计数器（PV=3）

表 2-9　升值计数器

自变量	内容	类型
EN	执行条件（TRUE：执行，FALSE：停止）	输入变量
CU	计数信号输入	输入变量
R	计数值复位	输入变量
PV	计数最大值（有效设置范围为 0～32767）	输入变量
ENO	输出状态（TRUE：正常，FALSE：异常或停止）	输出变量
Q	计数完成	输出变量
CV	计数值	输出变量

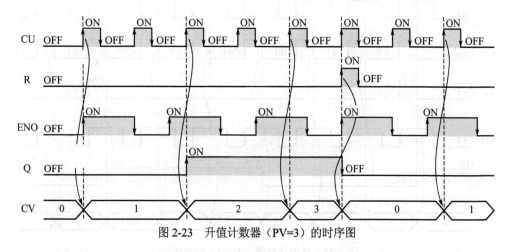

图 2-23 升值计数器（PV=3）的时序图

（4）降值计数器

降值计数器（CTD）如图 2-24 和表 2-10 所示，对信号的上升沿次数进行递减计数。如果 CD 由 OFF→ON，对 CV 进行减法计数（-1）。CV 为 0 的情况下，Q 变为 ON，减法计数停止。如果将 LD 置为 ON，则 Q 变为 OFF，PV 被设置为 CV。降值计数器（PV=3）的时序图如图 2-25 所示。

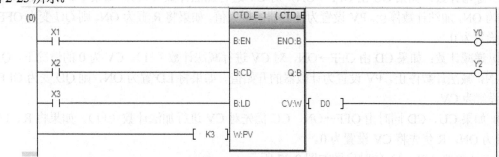

图 2-24 降值计数器（PV=3）

表 2-10 降值计数器

自变量	内容	类型
EN	执行条件（TRUE：执行，FALSE：停止）	输入变量
CD	计数信号输入	输入变量
LD	计数值设置	输入变量
PV	计数开始值（有效设置范围为 0~32767）	输入变量
ENO	输出状态（TRUE：正常，FALSE：异常或停止）	输出变量
Q	计数完成	输出变量
CV	计数值	输出变量

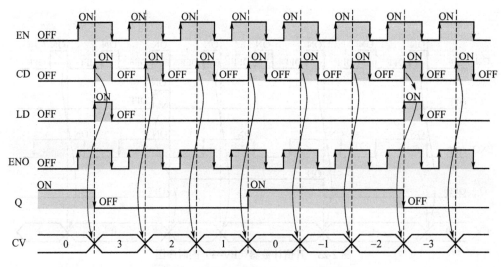

图 2-25 降值计数器（PV=3）的时序图

（5）双向计数器

双向计数器（CTUD）又称升降值计数器，对信号的上升沿次数进行递增/递减计数。既可进行递增计数，也可进行递减计数。双向计数器数据见表 2-11，双向计数器如图 2-26 所示。

① 递增计数：如果 CU 由 OFF→ON，对 CV 进行加法计数（+1）。如果 CV 到达 PV，则 QU 变为 ON，加法计数停止。PV 设置为计数器的最大值。如果将 R 置为 ON，则 QU 变为 OFF，CV 被设置为 0。

② 递减计数：如果 CD 由 OFF→ON，对 CV 进行减法计数（-1）。CV 为 0 的情况下，QD 变为 ON，减法计数停止。PV 设置为计数器的开始值。如果将 LD 置为 ON，则 QD 变为 OFF，PV 被设置为 CV。

③ 如果 CU、CD 同时由 OFF→ON，CU 优先对 CV 进行加法计数（+1）。如果将 R、LD 同时置为 ON，R 优先将 CV 设置为 0。

双向计数器（PV=3）的时序图如图 2-27 所示。

表 2-11 双向计数器数据

自变量	内容	类型
EN	执行条件（TRUE：执行，FALSE：停止）	输入变量
CU	递增计数信号输入	输入变量
CD	递减计数信号输入	输入变量
R	计数值复位	输入变量
LD	计数值设置	输入变量
PV	计数最大值/开始值（有效设置范围为 0～32767）	输入变量
ENO	输出状态（TRUE：正常，FALSE：异常或停止）	输出变量
QU	递增计数完成	输出变量
QD	递减计数完成	输出变量
CV	当前计数值	输出变量

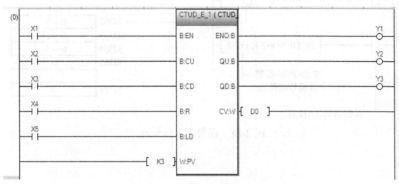

图 2-26 双向计数器（PV=3）

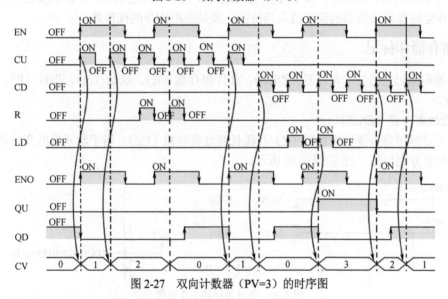

图 2-27 双向计数器（PV=3）的时序图

2.4.4 数据寄存器、链接寄存器、报警器

数据寄存器（D）是存储数值数据的软元件。特殊寄存器（SD）是 PLC 内部确定规格的内部寄存器，因此不能像通常的内部寄存器那样用于程序中。但是，可根据需要写入数据以控制 CPU 模块。

链接寄存器（W）是在刷新网络模块与 CPU 模块之间的字数据时，用作 CPU 模块侧设备的软元件。在 CPU 模块内的链接寄存器（W）与网络模块的链接寄存器（LW）相互收发数据。通过网络模块的参数设置刷新范围，未用于刷新的位置可用于其他用途。网络的通信状态及异常检测状态的字数据信息将被输出到网络内的特殊链接寄存器（SW）中。

报警器（F）是在由用户创建的用于检测设备异常/故障的程序中使用的内部继电器。将报警器置为 ON 时，SM62（报警器检测）将为 ON，SD62（报警器编号）～SD79 中将存储变为 ON 的报警器的个数及编号，如图 2-28 所示。

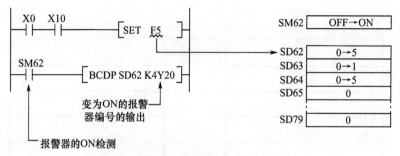

图 2-28　报警器工作原理

2.4.5　常数

PLC 中使用的各种数值中，K 表示十进制数，H 表示十六进制数，E 表示实数（浮点数）。这些都用作定时器和计数器的设定值及当前值，或是应用指令的操作数。

2.4.6　寄存器和标记

寄存器和标记包括变址寄存器（Z/LZ）、文件寄存器（R）、嵌套（N）、指针（P）、中断指针（I）等。

1．变址寄存器（Z/LZ）

变址寄存器可分为变址寄存器（Z）及超长变址寄存器（LZ），用于软元件的变址修饰，它们的工作原理分别如图 2-29 和图 2-30 所示。

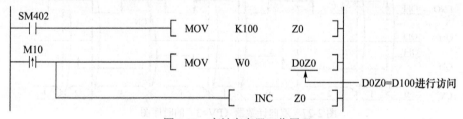

图 2-29　变址寄存器工作原理

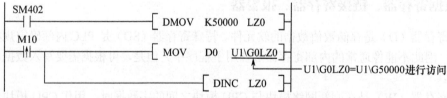

图 2-30　超长变址寄存器工作原理

2．文件寄存器（R）

文件寄存器（R）是可存储数值数据的软元件。

3．嵌套（N）

嵌套（N）在主站控制指令（MC/MCR 指令）中使用，是用于将动作条件通过嵌套结构进行编程的软元件。从嵌套结构的外侧以小编号（N0～N14）的顺序进行指定。

4．指针（P）

指针（P）是跳转指令（CJ 指令）和子程序调用指令（CALL 指令等）中使用的软元件，分为全局指针和标签分配用指针。

5. 中断指针（I）

中断指针（I）是在中断程序起始处作为标签使用的软元件。中断指针（I）可在正在执行的所有程序中使用。中断程序是从中断指针（I）开始到 IRET 指令为止的程序。一个中断指针只能创建一个中断程序。如果发生中断，执行与该中断指针编号相对应的中断程序。其中，IRET 指令为中断返回，即中断程序的最后一行。如图 2-31 所示。

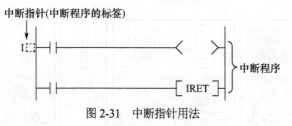

图 2-31　中断指针用法

中断优先级：发生多重中断时的执行顺序。数值越小，中断优先级越高。执行条件成立的程序的中断优先级高于执行中的程序的中断优先级时，按照中断优先级执行程序。中断优先级相同或较低时，在执行中的程序结束之前中断程序将处于等待状态。

中断优先顺序：发生相同中断优先级的中断原因时的执行顺序。中断指针编号及中断原因的优先级见表 2-12。

表 2-12　中断指针编号及中断原因的优先级

中断指针编号	中断原因	中断优先级	中断优先顺序	备注
I0…I15	输入中断	1…3	1…16	中断优先级的默认值为 2
I16…I23	高速比较一致中断	1…3	17…24	中断优先级的默认值为 2
I28…I31	通过内部定时器进行的中断	1…3	28…25	中断优先级的默认值为 2
I50…I177	来自模块的中断	2…3	29…156	中断优先级的默认值为 3。I50 的优先顺序最高，I177 的优先顺序最低

（1）外部中断

外部中断是通过外部输入引起的中断，中断指针编号为 I0…I15。当满足中断原因时，如果发生中断，执行与该中断指针编号相对应的中断程序。

（2）定时器中断

定时器中断是通过内部定时器进行的中断。设置定时器的定时时间，达到定时时间后触发中断，执行中断指针对应编号的中断程序，用来对一个指定的时间段产生中断。中断指针编号为 I28…I31。

（3）多重中断

在中断程序执行时发生了其他原因引起的中断的情况下，根据设置的中断优先级，中断低优先级的程序的执行，执行其执行条件成立且中断优先级高的程序。

2.5　FX5U PLC 整体构成及外部接线

PLC 的正确安装、规范接线是 PLC 应用的基础。目前，随着各种应用的推广，适用于不同场合的各种工业协议的网络、智能接口部件及单元软硬件高速、大容量地发展，PLC 的应用和外部接线方式越来越广泛，所涉及的各种接线包含电源接线、接地安全、输入接线、输出接线等。

2.5.1 FX5U PLC 整体构成

FX5U PLC 的整体构成如图 2-32 所示。

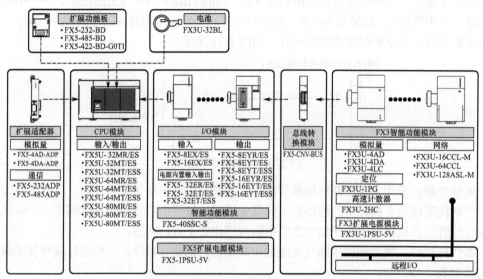

图 2-32 FX5U PLC 的整体构成

CPU 模块是内置了 CPU、存储器、I/O 模块、电源的产品,其型号表示如图 2-33 所示。

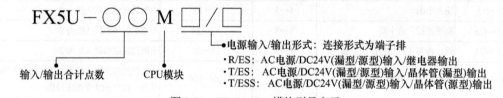

图 2-33 FX5U CPU 模块型号表示

I/O 模块是用于扩展输入、输出的产品,其型号表示如图 2-34 所示。

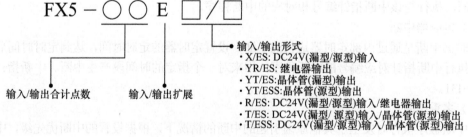

图 2-34 FX5U I/O 模块型号表示

智能功能模块是拥有简单输入/输出以外功能的模块,如 FX5U-40SSC-S 模块。此外,FX5U CPU 模块的系统也可通过使用总线转换模块来使用 FX3 智能功能模块,如模拟量模块 FX3U-4AD、FX3U-4DA,定位模块 FX3U-1PG,高速计数器模块 FX3U-2HC,网络模块 FX3U-16CCL-M 等。

此外,还有用于连接 CPU 模块正面的扩展功能板,连接 CPU 模块左侧的用于扩展功能的扩展适配器，当 CPU 模块内置电源不够时所扩展的电池，用于连接 FX3 智能功能模块的总线转换模块等。

2.5.2　FX5U PLC 的工作电源接线

下面以 FX5U PLC 漏型输入的 AC 电源接线为例进行介绍，如图 2-35 所示。AC 电源连接到[L]、[N]端子（AC100V 系列、AC200V 系列公用）上，CPU 模块和电源内置输入/输出模块同时上电，或者电源内置输入/输出模块首先上电，输入模块的[S/S]端子连接 CPU 模块的[24V]端子。使用外部电源时，智能功能模块与 CPU 模块同时或先于 CPU 模块上电。切断电源时，请确认系统安全，然后同时断开 PLC 和扩展设备的电源，不要将 CPU 模块和电源内置输入/输出模块的[24V]端子相互连接。

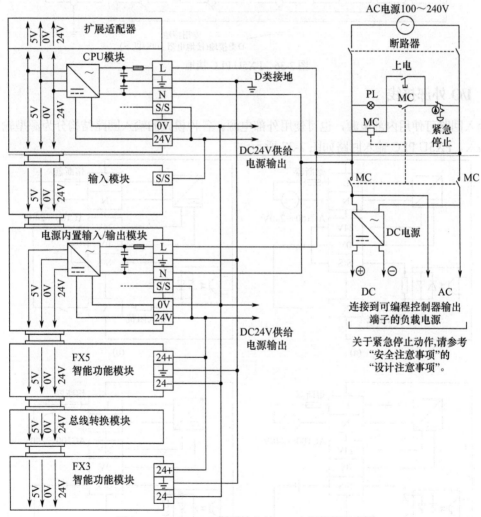

图 2-35　FX5U PLC 漏型输入的 AC 电源接线示意图

2.5.3　PLC 的接地

FX5U PLC 采用 D 类接地（接地电阻 100Ω 以下），并尽可能采用专用接地。无法采取专用接地时，可采用图 2-36 中的"公用接地"。使用粗细为 AWG14（2mm²）以上的接地线；接地点应尽可能靠近相应的 PLC，接地线长度尽可能短。

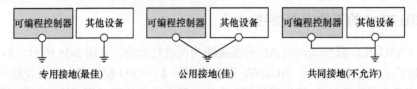

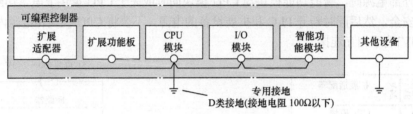

图 2-36　FX5U PLC 接地

2.5.4　I/O 外部接线

输入回路可使用内部电源，也可使用外部电源。各种模式的输入回路结构分为源型输入和漏型输入。FX5U PLC 输入回路如图 2-37 所示。

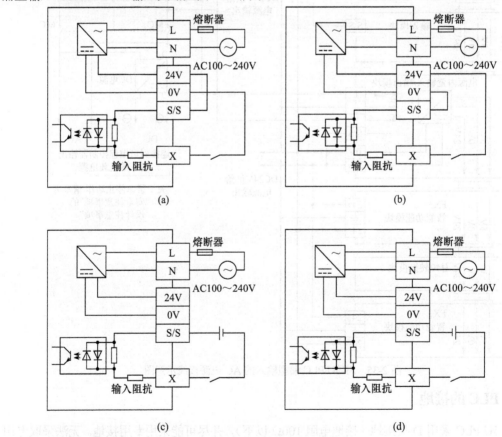

图 2-37　FX5U PLC 输入回路

FX5U PLC 继电器输出回路如图 2-38 所示。

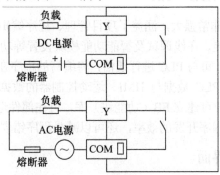

注：[COM□]的□中为公共端编号。

图 2-38　FX5U PLC 继电器输出回路

FX5U PLC 晶体管输出回路如图 2-39 所示。

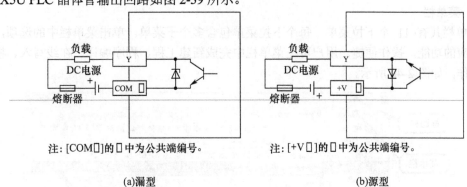

注：[COM□]的□中为公共端编号。　　　　　　注：[+V□]的□中为公共端编号。

(a)漏型　　　　　　　　　　　　　　　　(b)源型

图 2-39　FX5U PLC 晶体管输出回路

2.5.5　模拟量 I/O 与通信规格

FX5U CPU 模块中内置有模拟量电压输入 2 点、模拟量电压输出 1 点。要使用内置模拟量时，需通过参数进行功能等的设置。通过 FX5U CPU 模块进行 A/D 转换，每个通道的值将自动被写入特殊寄存器。通过在 FX5U CPU 模块的特殊寄存器中设置值，D/A 转换将自动进行模拟量输出。FX5U PLC 内置有传统的 RS-485 通信接口，还增加了以太网通信接口。FX5U PLC 内置的以太网功能丰富，可实现与工程工具、GOT 系列触摸屏的连接；通过 SLMP 进行通信；通过 Socket 通信接口与外部设备以 TCP/UDP 协议收发数据；IP 地址更改功能等。

2.6　三菱 PLC 编程软件 GX Works3

GX Works3
使用 MP4

2.6.1　三菱 PLC 编程软件简介

三菱 PLC 编程软件主要包括 GX Developer、GX Works2 和 GX Works3。其中，GX Developer 是传统的 PLC 编程软件，适用于三菱 Q、FX 系列 PLC 的程序编写。GX Works2 是综合 PLC 编程软件，同样适用于三菱 Q、FX 系列 PLC，与 GX Developer 软件相比，其功能和可操作性更强。但以上两款软件都不支持三菱最新推出的 FX5U PLC。GX Works3 是三菱推出的新一代 PLC 编程软件，兼容 GX Developer 和 GX Works2 软件，并且支持 FX5U PLC。

2.6.2 GX Works3 软件的主要功能

GX Works3 软件的功能非常强大，涵盖了项目管理、程序编辑、参数设定、网络设定、文件传送、仿真模拟、程序监控、在线调试及智能功能模块设置等功能。该软件支持梯形图、ST及结构化梯形图等编程语言；可与 PLC 进行通信，将编写的程序在线写入 PLC 中并进行调试；具有系统标签功能，可实现 PLC 数据与 HMI、运动控制器的数据共享；支持多种语言，满足全球化生产需求。此外，用户可建立 FB（功能块）库，可在部件选择窗口拖动 FB 到工作窗口中直接进行粘贴，这提高了程序开发的效率，还可以减少程序错误，从而提高程序质量。

2.6.3 GX Works3 软件界面

双击 GX Works3 软件的图标，即可启动 GX Works3 软件。软件界面包含标题栏、菜单栏、工具栏、状态栏、导航窗口、工作窗口、部件选择窗口等，在调试模式下，还可打开数据监视窗口。

1. 菜单栏

菜单栏共有 11 个下拉菜单，每个下拉菜单包含多个子菜单。单击菜单栏中的选项，即可获取对应的功能，操作便捷。用户可在菜单栏中完成新建工程、程序编译、在线写入、模拟调试等操作，如图 2-40 所示。

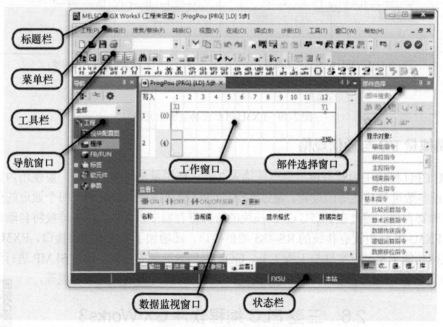

图 2-40　GX Works3 软件界面

2. 工具栏

工具栏包括标准、折叠窗口、梯形图、程序通用、监视状态、过程控制扩展等工具栏，工具栏内容见表 2-13。单击菜单栏中的【视图】选项，再单击其下拉菜单中的【工具栏】选项，即可打开这些工具栏。

表 2-13 工具栏内容

名称	内容
标准工具栏	
折叠窗口工具栏	
梯形图工具栏	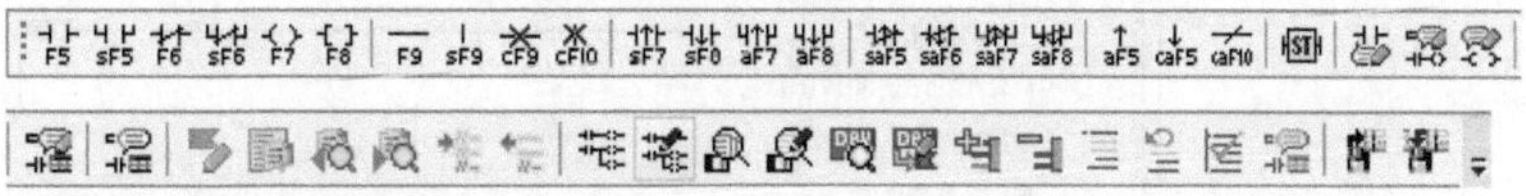
程序通用工具栏	
监视状态工具栏	
过程控制扩展工具栏	

3. 导航窗口

导航窗口中，以树状显示工程数据列表，可通过工程数据列表直接打开梯形图对话框。用户可以通过导航窗口进行新建工程模块、修改参数设定、设置标签、注释软元件等操作。

4. 工作窗口

用户在工作窗口中进行 PLC 程序的编辑。若选用的编程语言为梯形图，可采用工具栏、快捷键或指令输入 3 种方式进行梯形图的输入。

5. 数据监视窗口

在监视模式下，用户通过数据监视窗口，对梯形图程序中各个软元件的工作情况、实时状态进行监视，便于实现程序调试。用户在工具栏中单击【监看】按钮，即可打开数据监视窗口。

6. 部件选择窗口

部件选择窗口包括部件一览、收藏夹、履历、模块、库等菜单。用户可在部件选择窗口中直接将指令、部件、功能块、模块等拖动到工作窗口中并进行粘贴，这种操作方式简单便捷。用户还可自行创建 FB 库，以提高程序开发效率。

2.6.4 GX Works3 的使用

1. 新建工程文件

（1）新建工程

采用 GX Works3 软件创建工程的步骤与使用 GX Developer 和 GX Works2 软件相同。双击 GX Works3 软件的图标，打开 GX Works3 软件界面。在菜单栏中单击【工程】选项，在其下拉菜单中选择【新建】选项，或者按 Ctrl+N 快捷键，如图 2-41 所示。在随后弹出的【新建】对话框中定义新建工程的属性。

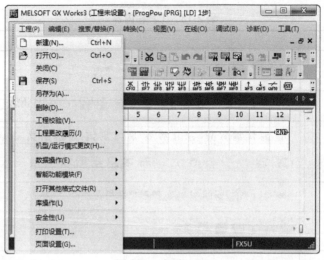

图 2-41　新建工程

（2）PLC 系列选择

在【新建】对话框中，单击【系列】下拉按钮，在随后出现的下拉菜单中选择 PLC 系列。GX Works3 软件能够编辑的 PLC 有 6 种，即 RCPU、QCPU（Q 模式）、LCPU、FXCPU、NCCPU、FX5CPU。本例选择 FX5CPU 系列，如图 2-42 所示。

（3）PLC 机型选择

用户选择不同的 PLC 系列，将会在【机型】中出现相对应的 PLC 类型。上面选择了 FX5CPU系列，单击【机型】下拉按钮，在弹出的下拉菜单中将出现 FX5CPU 的所有类型，本例选择的是 FX5U，如图 2-43 所示。

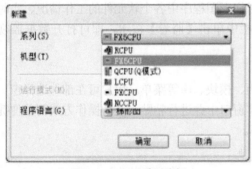

图 2-42　PLC 系列选择

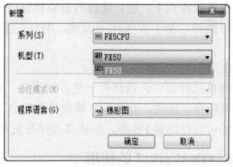

图 2-43　PLC 机型选择

（4）程序语言的选择

用户可单击【程序语言】下拉按钮，在弹出的下拉菜单中选取所需要的编程语言。在【程序语言】下拉菜单中可选梯形图、ST、FBD/LD 三种程序语言；也可单击【不指定】，选择不指定类型。本例选择的程序语言是梯形图，如图 2-44 所示。

对【新建】对话框中的选项进行选择后，单击【确定】按钮即可。经过以上操作，即可完成一个新工程的创建。

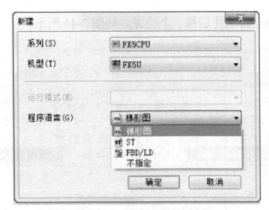

图 2-44　程序语言的选择

2. 打开工程

用户要打开一个已有的工程，先单击菜单栏中的【工程】选项，再单击其下拉菜单中的【打开工程】选项，或者按 Ctrl+O 快捷键，在随后弹出的【打开工程】对话框选择已有工程，单击【打开】按钮，即可打开一个已有工程。

3. 保存工程

工程文件配置完成后，单击菜单栏中的【工程】选项，再单击其下拉菜单中的【保存】选项，或者按 Ctrl+S 快捷键，将弹出【另存为】对话框。在【文件名】中输入文件的名称，在【标题】中输入工程的名称后，单击【保存】按钮，即可完成对新建工程的保存，如图 2-45 所示。

图 2-45　保存工程

4. 编程操作

（1）输入梯形图

梯形图程序可采用梯形图工具栏、快捷键或指令等多种方法进行输入。采用梯形图工具栏进行输入时，首先应在编程区域通过光标选取，使光标位置处在需要输入梯形图的位置。输入时，用户单击梯形图工具栏中对应的图标选择要输入的梯形图符号后，弹出梯形图输入对话框，输入正确的软元件编号，然后单击【确定】按钮或按回车键，相应的软元件图形会出现在原来的光标位置，光标位置也会自动往后移一个位置。如图 2-46 所示。

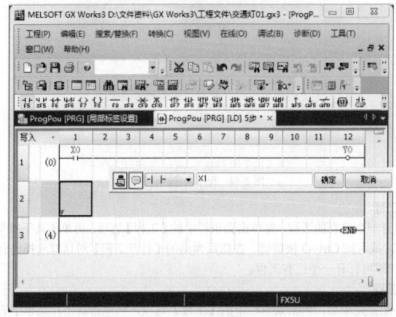

图 2-46　输入梯形图

采用此方法，梯形图图标的选取和更改都要用鼠标进行操作，用户如果要提高输入效率，则可选择快捷键输入。梯形图工具栏中的各图标都有相对应的快捷键，如常开触点是 F5 键、常闭触点是 F6 键等。如果用户对指令比较熟悉，也可采用指令输入的方法进行输入，如直接输入指令 LD　X0，然后按回车键，就可以输入对应的梯形图，这种输入方法效率更高。

（2）程序转换/编译

转换/编译操作的作用是将所输入的梯形图程序转换为 PLC 可执行程序。梯形图程序输入并检查完成后，应对已输入的梯形图程序进行转换/编译操作，否则程序无法被保存和下载。GX Works3 软件中转换/编译的操作可通过单击【转换】菜单栏获取转换选项或直接在工具栏中单击相应图标来实现。

（3）注释编辑

对程序中的软元件进行注释，可以提高程序的可读性，便于对程序进行修改和调试操作。对梯形图程序的软元件进行注释时，应先单击工具栏中的【软元件/标签注释编辑】按钮，使之点亮，然后双击需要注释的软元件进行注释。注释可以通过【视图】菜单中的【注释显示】选项来打开或关闭显示。

（4）程序下载

完成梯形图程序的编辑且转换后，将其下载到 PLC 中，PLC 即可执行本 PLC 程序。保证计算机与 PLC 已经连接，且 PLC 上电的情况下，单击【在线】菜单中的【写入至可编程控制器】选项或单击工具栏中的【写入至可编程控制器】按钮，弹出如图 2-47 所示的【在线数据操作】对话框。选择需要写入的 PLC 工程，根据需要单击对话框中的【参数+程序】按钮，然后单击对话框右下角的【执行】按钮，开始写入 PLC 程序，此时弹出 PLC 写入程序对话框。等待一定时间，写入结束后，弹出显示"已完成"的对话框，单击该对话框中的【确定】按钮，PLC 程序写入结束。完成上述操作后，即可运用 PLC 进行硬件调试。

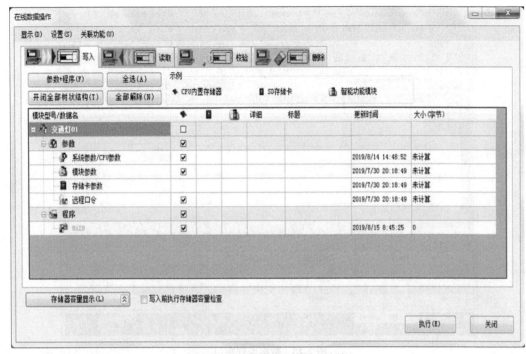

图 2-47 【在线数据操作】对话框

5. 仿真模拟

GX Works3 具有仿真模拟的功能。用户在进行程序调试时，可通过该软件的仿真模拟功能进行，无须写入 PLC 中进行硬件调试。仿真模拟操作方便，结果稳定可靠。

启动仿真模拟时，用户可通过选择菜单栏【调试】→【模拟】→【模拟开始】启动，也可以单击工具栏中的【模拟开始】按钮启动，将弹出程序写入对话框，执行程序写入后，即可开始进行仿真模拟。在仿真模拟状态下可打开数据监视窗口，查看各软元件的工作状态。退出仿真模拟时，可通过选择菜单栏【调试】→【模拟】→【模拟停止】退出，也可以单击工具栏中的【模拟停止】按钮退出。

6. 监视模式

GX Works3 具有监视功能，在监视模式下，通过计算机可以对梯形图程序中各个软元件的工作情况、实时状态进行监控。在数据监视窗口中输入需要监控的软元件，即可查看该软元件的实时状态，如图 2-48 所示。

启动监视模式时，可通过选择菜单栏【在线】→【监视】→【监视模式】启动，也可以单击工具栏中的【监视开始】按钮启动，还可以按 F3 快捷键启动；退出监视模式时，也有多种路径，可通过选择菜单栏【在线】→【监视】→【监视停止】退出，也可以单击工具栏中的【监视停止】按钮退出，还可以按 F2 快捷键退出。

7. 模块配置图的创建

PLC 系统一般都需要根据控制要求扩展外围模块，对于 FX5U PLC，可以通过两种路径来配置模块：第一种办法是，在 GX Works3 的导航窗口中单击【导航】→【模块配置图】，可在工程的 CPU 模块所管理的系统范围内创建模块配置图；第二种办法是，通过三菱官方网站的在线选型对 IQ-F 系列进行模块配置。下面简要介绍第一种方法。

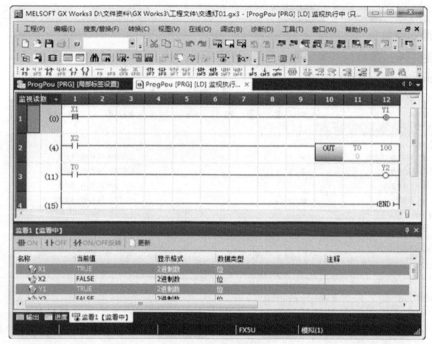

图 2-48　数据监视窗口

首先新建工程，选择 FX5U CPU，在 GX Works3 的导航窗口中单击【导航】→【模块配置图】，在模块配置图中就显示了默认的 CPU（FX5U-32MR/ES），如图 2-49 所示。选择 CPU 模块，单击鼠标右键，选择【CPU 型号更改】选项，就可更改 CPU 型号。

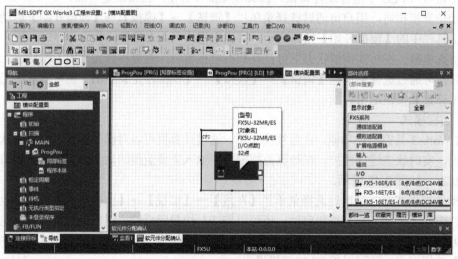

图 2-49　模块配置图

在部件选择窗口中选择相应模块，并将其拖放至模块配置图中。拖放过程中，可配置的位置将高亮显示。选择相应模块，单击鼠标右键，选择【属性】选项就可更改模块对象的对象名。通过更改，可简单区分相同型号的模块。选择工具栏中的【模块信息显示】按钮，可显示所有模块的型号。选择工具栏中的【XY 分配显示】按钮，可显示所有模块的 X、Y 地址。

电源容量、I/O 点数的检查可确认模块配置图中配置的电源容量与 I/O 点数是否超过上限。选择菜单栏【编辑】→【检查】→【电源容量/I/O 点数】→【执行】或单击工具栏中的 按钮，窗口中将显示电源容量、I/O 点数检查的结果，如图 2-50 所示。同样通过选择菜单栏【编辑】→【检查】→【系统配置】，就可显示系统配置的检查结果。

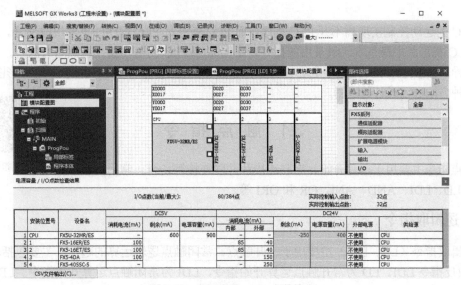

图 2-50　电源容量、I/O 点数检查

习 题 2

2-1　PLC 按结构形式分类，可分为＿＿＿＿＿＿和＿＿＿＿＿＿两类。

2-2　PLC 的工作方式是＿＿＿＿＿＿，＿＿＿＿＿＿。

2-3　PLC 的一个扫描周期必经输入采样、＿＿＿＿＿＿和＿＿＿＿＿＿3 个阶段。

2-4　三菱 FX 系列 PLC 支持的输出模式包括＿＿＿＿＿＿、＿＿＿＿＿＿和＿＿＿＿＿＿。

2-5　三菱 FX 系列 PLC 的内部继电器在经过＿＿＿＿＿＿、＿＿＿＿＿＿和＿＿＿＿＿＿的操作后将变为 OFF。

2-6　简述 PLC 的定时器和计数器工作原理。

2-7　熟悉 GX Works3 软件使用，编写一个简易的梯形图程序并仿真模拟。

第3章 PLC基本指令

PLC的运动控制实现离不开PLC程序，而PLC指令是PLC程序的重要组成部分。基本指令是PLC梯形图中最基本、最常用的指令。不同品牌PLC的基本指令虽然略有区别，但基本大同小异。本章将详细介绍三菱FX5U PLC基本指令的使用方法，并结合实例，用梯形图和ST指令两种方法进行设计与应用。

3.1 触 点 指 令

触点指令主要用于运算开始、串联连接和并联连接等场合。常用的触点指令包括LD、LDI、AND、ANI、OR和ORI等。

触点指令 MP4

3.1.1 逻辑取指令

逻辑取指令（LD、LDI）主要用于常开触点、常闭触点逻辑运算的起始，主要包括取指令LD和取反指令LDI。LD为常开触点运算开始指令，LDI为常闭触点运算开始指令。LD、LDI指令说明见表3-1。

表 3-1 LD、LDI 指令说明

指令符号	指令名称	功能	梯形图符号
LD	装载（Load）	常开触点逻辑运算开始	LD 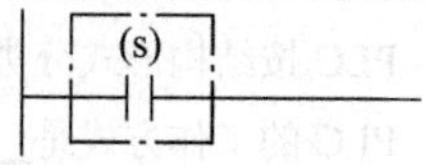 ⊣ (s) ⊢
LDI	装载取反（Load Inverse）	常闭触点逻辑运算开始	LDI 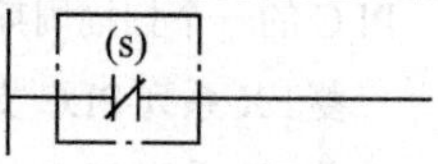 ⊣/(s)⊢

① LD指令主要用于常开触点与母线的连接，而LDI指令则用于常闭触点与母线的连接。常开触点在动作后闭合，不动作时始终处于断开状态；而常闭触点在动作后断开，不动作时始终处于闭合状态。

② LD、LDI指令主要用于连接母线上的触点，它可以和X、Y、M、C、T、S等软元件配合使用。

③ 此外，LD、LDI指令也可以和ANB、ORB等指令组合，以用于分支起点的连接。

【例3-1】如图3-1所示为一个简单的电灯控制电路，通过开关可以控制电灯的亮与灭：如果电灯LP1处于开启状态，按下开关LS1，则关闭电灯；而如果电灯处于关闭状态，按下开关LS1，则电灯点亮。表3-2是该电路器件及其对应的功能表。

在该程序中，当开关LS1按下时，电灯LP1点亮。电灯LP1的通断与开关LS1通断的动作一致，一起通，一起断。

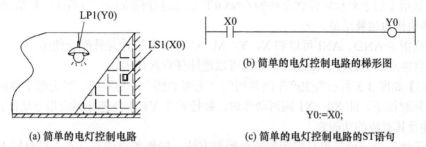

(a) 简单的电灯控制电路　　　　(c) 简单的电灯控制电路的ST语句

图 3-1　简单的电灯控制电路

表 3-2　简单的电灯控制电路器件及其对应的功能表

器件	PLC 软元件	说明	器件	PLC 软元件	说明
LS1	X0	开关	LP1	Y0	电灯

【例 3-2】如图 3-2 所示为一个水池水位控制系统。水池注水，水位上升，当升高的水位触发浮力阀开关 FL1 时，其常闭触点断开，进水阀 VL1 关闭，停止向水池注水。同样地，当水位下降到一定位置，浮力阀开关 FL1 的常闭触点恢复闭合，进水阀 VL1 打开，开始向水池注水。表 3-3 为该系统器件及其对应的功能表。

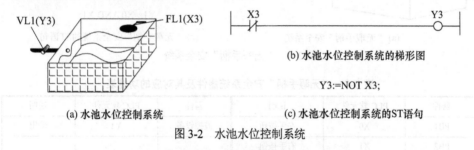

(a) 水池水位控制系统　　　　(c) 水池水位控制系统的ST语句

图 3-2　水池水位控制系统

表 3-3　水池水位控制系统器件及其对应的功能表

器件	PLC 软元件	说明	器件	PLC 软元件	说明
FL1	X3	浮力阀开关	VL1	Y3	进水阀

3.1.2　串联指令

串联指令（AND、ANI）主要用于触点与触点之间的串联连接。AND 为常开触点的串联连接指令，ANI 为常闭触点的串联连接指令。AND、ANI 指令说明见表 3-4。

表 3-4　AND、ANI 指令说明

指令符号	指令名称	功能	梯形图符号
AND	串联（And）	常开触点串联连接	AND
ANI	串联取反（And Inverse）	常闭触点串联连接	ANI

① 串联指令用于对指定位软元件的 ON/OFF 信息进行提取后，与当前运算结果进行 AND 运算，将该值作为运算结果。

② 串联指令 AND、ANI 可以和 X、Y、M、C、T、S 等软元件配合使用。

③ 串联触点的个数没有限制，该指令可以连续任意次使用。

【例 3-3】如图 3-3 所示为生产车间常用的"无暇手柄"安全系统。当无暇手柄的两个按钮 PB1、PB2 同时按下，即 X0、X1 同时动作时，被控设备 Y1 才会进行相应指令动作。表 3-5 为该系统器件及其对应的功能表。

"无暇手柄"是一种简单且实用的安全控制方法。操作者必须左、右手同时按下按钮才能操作设备，这样就保证操作者双手都必须放在控制台上，从而"无暇"去触碰其他设备。这种方法可以防止操作者单手操作，而另外一只手误碰其他设备的危险情况发生。

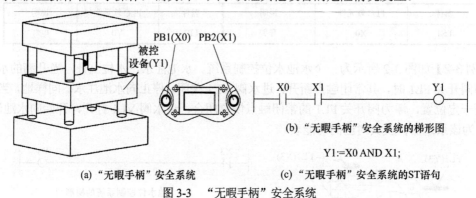

(b) "无暇手柄"安全系统的梯形图

Y1:=X0 AND X1;

(a) "无暇手柄"安全系统　　　　(c) "无暇手柄"安全系统的ST语句

图 3-3　"无暇手柄"安全系统

表 3-5　"无暇手柄"安全系统器件及其对应的功能表

器件	PLC 软元件	说明	器件	PLC 软元件	说明
PB1	X0	左手按钮	被控设备	Y1	输出
PB2	X1	右手按钮			

3.1.3　并联指令

并联指令（OR、ORI）主要用于触点与触点的并联连接。OR 为常开触点的并联连接指令，ORI 为常闭触点的并联连接指令。OR、ORI 指令说明见表 3-6。

表 3-6　OR、ORI 指令说明

指令符号	指令名称	功能	梯形图符号
OR	并联（Or）	常开触点并联连接	OR
ORI	并联取反（Or Inverse）	常闭触点并联连接	ORI

① OR、ORI 指令对指定的软元件（s）与当前的运算结果进行 OR 运算，作为运算结果。

② 并联指令 OR、ORI 可以和 X、Y、M、C、T、S 等软元件配合使用。

③ 并联触点的个数没有限制，该指令可以连续任意次使用。

【例 3-4】如图 3-4 所示为一个风扇控制系统的简单自锁电路。该系统通过自复位按钮控制风扇的启动/停止并保持相应状态。如果风扇 MTR1 处于工作状态，按下停止按钮 PB2，风扇停止运转。反之，如果风扇 MTR1 处于停止状态，按下启动按钮 PB1，风扇启动并保持工作状态。表 3-7 为该系统器件及其对应的功能表。

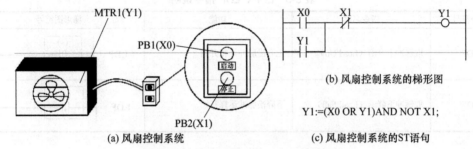

(a) 风扇控制系统　　(b) 风扇控制系统的梯形图

Y1:=(X0 OR Y1)AND NOT X1;

(c) 风扇控制系统的ST语句

图 3-4　风扇控制系统的简单自锁电路

表 3-7　风扇控制系统器件及其对应的功能表

器件	PLC 软元件	说明	器件	PLC 软元件	说明
PB1	X0	启动按钮	MTR1	Y1	风扇
PB2	X1	停止按钮			

这是一个经典的自锁电路。按下启动按钮 X0 时，Y1 输出，Y1 常开触点闭合，风扇启动。当启动按钮 X0 断开时，由于 Y1 常开触点的闭合，风扇仍然可以连续运转。只有按下停止按钮 X1 后，回路断开，风扇才会停止动作。

3.1.4 脉冲指令

脉冲指令主要用于根据脉冲实现程序的相关运算。常见的脉冲指令包括：脉冲运算开始指令（LDP、LDF）、脉冲串联连接指令（ANDP、ANDF）、脉冲并联连接指令（ORP、ORF），以及脉冲否定运算开始指令（LDPI、LDFI）、脉冲否定串联连接指令（ANDPI、ANDFI）、脉冲否定并联连接指令（ORPI、ORFI）。

下面简单介绍上升沿、下降沿及扫描周期的概念，如图 3-5 所示。

① 上升沿、下降沿。上升沿是指信号从断开到闭合的瞬间，或脉冲从低电平到高电平的瞬间；而下降沿则是指信号从闭合到断开的瞬间，或脉冲从高电平到低电平的瞬间。

② 扫描周期。PLC 的扫描周期通常是指 PLC 遍历一遍程序所花的时间。一个扫描周期通常为几毫秒到几十毫秒。

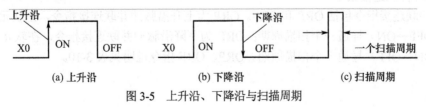

(a) 上升沿　　　　　(b) 下降沿　　　　　(c) 扫描周期

图 3-5　上升沿、下降沿与扫描周期

1. 脉冲运算开始指令

脉冲运算开始指令包括 LDP 和 LDF。LDP 为上升沿脉冲运算开始指令，仅在软元件（s）的上升沿时（OFF→ON）导通，用于上升沿检测的常开触点与左母线相连；LDF 为下降沿脉冲运算开始指令，仅在软元件（s）的下降沿时（ON→OFF）导通，用于下降沿检测的常开触点与左母线相连。

LDP、LDF 指令说明见表 3-8。

表 3-8 LDP、LDF 指令说明

指令符号	指令名称	功能	梯形图符号
LDP	取脉冲上升沿（Load Up）	上升沿脉冲运算开始	LDP ┤↑├ (s)
LDF	取脉冲下降沿（Load Fall）	下降沿脉冲运算开始	LDF ┤↓├ (s)

如图 3-6（a）为利用 LDP 指令编程的例子。当 X0 由 OFF→ON 导通时，即 X0 上升沿时，对 D0 赋值 K0，且 M0 导通一个脉冲。未使用 LDP 编程的等效电路如图 3-6（b）所示。

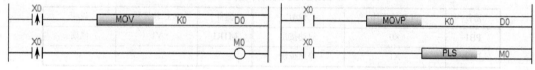

(a) 利用 LDP 编程的电路   (b) 未使用 LDP 编程的等效电路

图 3-6 LDP 指令的使用举例

2. 脉冲串联连接指令

脉冲串联连接指令包括 ANDP 和 ANDF。ANDP 为上升沿脉冲串联连接指令，在软元件（s）上升沿时（OFF→ON）导通一个扫描周期；ANDF 为下降沿脉冲串联连接指令，在软元件（s）下降沿时（ON→OFF）导通一个扫描周期。ANDP、ANDF 指令说明见表 3-9。

表 3-9 ANDP、ANDF 指令说明

指令符号	指令名称	功能	梯形图符号
ANDP	与脉冲上升沿（And Up）	上升沿脉冲串联连接	ANDP ┤├ ┤↑├ (s)
ANDF	与脉冲下降沿（And Fall）	下降沿脉冲串联连接	ANDF ┤/├ ┤↓├ (s)

3. 脉冲并联连接指令

脉冲并联连接指令包括 ORP 和 ORF。ORP 为上升沿脉冲并联连接指令，在软元件（s）上升沿时（OFF→ON）导通一个扫描周期；ORF 为下降沿脉冲并联连接指令，在软元件（s）下降沿时（ON→OFF）导通一个扫描周期。ORP、ORF 指令说明见表 3-10。

表 3-10　ORP、ORF 指令说明

指令符号	指令名称	功能	梯形图符号
ORP	或脉冲上升沿（Or Up）	上升沿脉冲并联连接	ORP
ORF	或脉冲下降沿（Or Fall）	下降沿脉冲并联连接	ORF

4. 脉冲否定运算开始指令

脉冲否定运算开始指令包括 LDPI 和 LDFI。

LDPI：上升沿脉冲否定运算开始指令。LDPI 中指定的软元件（s）在 OFF、ON、下降沿（ON→OFF）这 3 种情况下导通，即上升沿时（OFF→ON）不导通，其他的场合都导通。LDPI 指令可以理解为 LDP 指令的取反。

LDFI：下降沿脉冲否定运算开始指令。LDFI 中指定的软元件（s）在 OFF、ON、上升沿（OFF→ON）这 3 种情况下导通，即下降沿时（ON→OFF）不导通，其他的场合都导通。LDFI 指令可以理解为 LDF 指令的取反。

LDPI 和 LDFI 指令说明见表 3-11。

表 3-11　LDPI、LDFI 指令说明

指令符号	指令名称	功能	梯形图符号
LDPI	取脉冲否定上升沿（Load Up Inverse）	上升沿否定运算开始	LDPI
LDFI	取脉冲否定下降沿（Load Fall Inverse）	下降沿否定运算开始	LDFI

5. 脉冲否定运算指令

同样，脉冲否定串联连接指令（ANDPI、ANDFI）、脉冲否定并联连接指令（ORPI、ORFI）的用法跟上述用法类似，ANDPI、ANDFI、ORPI、ORFI 指令说明见表 3-12，这里不再一一介绍。如有需要，可查阅三菱官方手册的相关内容。

表 3-12　ANDPI、ANDFI、ORPI、ORFI 指令说明

指令符号	指令名称	功能	梯形图符号
ANDPI	与脉冲否定上升沿（And Up Inverse）	上升沿否定串联连接	ANDPI
ANDFI	与脉冲否定下降沿（And Fall Inverse）	下降沿否定串联连接	ANDFI

指令符号	指令名称	功能	梯形图符号
ORPI	或脉冲否定上升沿（Or Up Inverse）	上升沿否定并联连接	ORPI 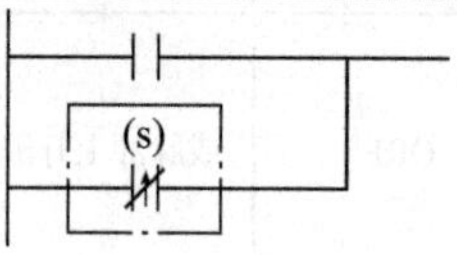
ORFI	或脉冲否定下降沿（Or Fall Inverse）	下降沿否定并联连接	ORFI 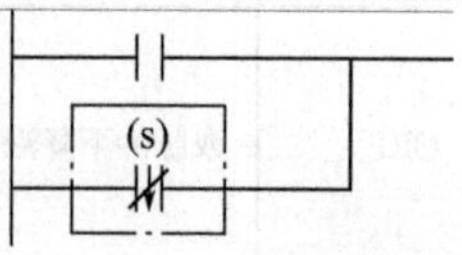

3.2 结合指令

结合指令 MP4

结合指令主要包括块之间的串联、并联连接指令（ANB、ORB），运算结果的推入、读取、弹出指令（MPS、MRD、MPP），运算结果取反指令（INV），以及运算结果脉冲化指令（MEP、MEF）等。

3.2.1 串联、并联连接指令

ANB 为串联连接指令，用于 A 块和 B 块的 AND 运算；ORB 为并联连接指令，用于 A 块和 B 块的 OR 运算。ANB、ORB 指令说明见表 3-13。

① ANB、ORB 指令的符号不是触点符号，而是连接符号。

② ORB 指令用于两个触点以上的回路的并联连接。如果仅一个触点的并联连接，则使用 OR 指令、ORI 指令，无须 ORB 指令。

表 3-13 ANB、ORB 指令说明

指令符号	指令名称	功能	梯形图符号
ANB	串联指令	电路块串联连接	ANB 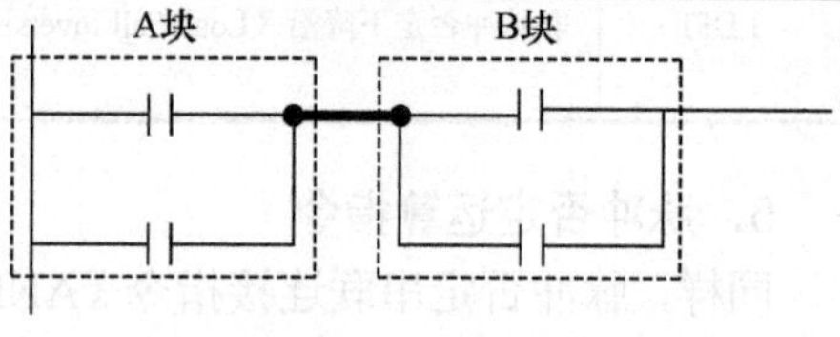
ORB	并联指令	电路块并联连接	ORB 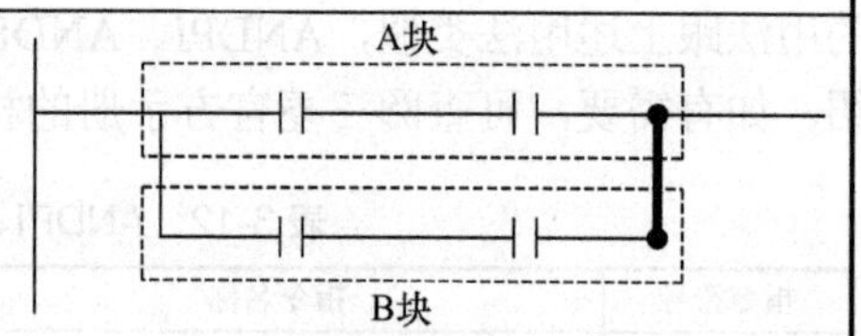

【例 3-5】如图 3-7 所示为利用简单双控系统进行吊扇控制的应用实例。利用开关 LS1 和 LS2，都可以对厂房中的吊扇 LP1 进行开、关控制。如果吊扇 LP1 为开启状态，按下开关 LS1 或 LS2，都能关掉吊扇 LP1；如果吊扇 LP1 为停止状态，按下开关 LS1 或 LS2，都能启动吊扇 LP1。表 3-14 为该系统的器件及其对应的功能表。

从梯形图可以看出，当这两个开关 X2/X3 都处于 ON 或 OFF 状态时，Y1 会有输出。改变任意一个开关的状态，Y1 就会断开。再次改变任意一个开关的状态，Y1 则再次导通。

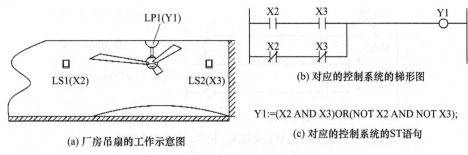

(a) 厂房吊扇的工作示意图

(b) 对应的控制系统的梯形图

Y1:=(X2 AND X3)OR(NOT X2 AND NOT X3);

(c) 对应的控制系统的ST语句

图 3-7 厂房吊扇的 PLC 双控系统

表 3-14 厂房吊扇控制系统器件及其对应的功能表

器件	PLC 软元件	说明	器件	PLC 软元件	说明
LS1	X2	吊扇开关 1	LP1	Y1	吊扇
LS2	X3	吊扇开关 2			

3.2.2 运算结果推入、读取、弹出指令

运算结果推入、读取、弹出指令分别为 MPS、MRD 和 MPP，其主要用于梯形图中分支结构的程序处理。MPS、MRD、MPP 指令说明见表 3-15。

表 3-15 MPS、MRD、MPP 指令说明

指令符号	指令名称	功能	梯形图符号
MPS	推入指令（Memory Push）	存储运算结果	
MRD	读取指令（Memory Read）	读取 MPS 中存储的运算结果	
MPP	弹出指令（Memory Pop）	读取和复位 MPS 中存储的运算结果	

MPS：推入指令。用于梯形图节点开始的第 1 分支的标志。

MRD：读取指令。用于梯形图节点的第 2～第（$n-1$）分支的标志。如果该节点只有 2 个分支，则不需要读取指令 MRD。

MPP：弹出指令。用于梯形图节点的第 n 个分支，即最后一个分支的标志。

MPS、MRD 和 MPP 指令使用说明：

① MPS 指令最多可以连续使用 16 次。中途使用了 MPP 指令的情况下，MPS 指令的使用数将-1。

② 通过指令清除 MPS 指令存储的运算结果，MPS 指令的使用数将-1。

如图 3-8 所示为一层堆栈梯形图实例，用到了推入 MPS、读取 MRD 和弹出 MPP 指令，对应的 ST 语句如图 3-8（b）所示。

另外，运算结果推入、读取、弹出指令也可用于两层堆栈或多层堆栈，这里就不详细展开介绍。

Y1:=MPS(X0)AND X1;

Y2:=MRD(X0)AND X2;

Y3:=MPP(X0)AND M1;

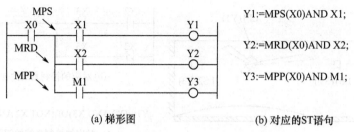

(a) 梯形图　　(b) 对应的ST语句

图 3-8　运算结果推入、读取、弹出指令实例

3.2.3　运算结果取反指令

运算结果取反指令 INV，其功能是对 INV 指令为止之前的运算结果进行取反。它不需要指定软元件编号。

① INV 指令是对该指令为止之前的运算结果执行动作，因此应与 AND 指令在同一位置使用。INV 指令不能在 LD 指令、OR 指令的位置使用。

② 使用了梯形图块的情况下，以梯形图块的范围对运算结果进行取反。并用 INV 指令及 ANB 指令使梯形图动作的情况下，应注意取反的范围。如图 3-9 所示。

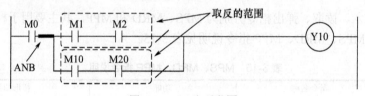

图 3-9　INV 取反范围

如图 3-10 所示为 INV 指令应用的例子。当 X0=ON 时，Y0=OFF；反之，当 X0=OFF 时，Y0=ON。IVN 指令说明见表 3-16。

表 3-16　INV 指令说明

指令符号	指令名称	功能	梯形图符号
INV	取反指令（Inverse）	运算结果取反	

Y0:=INV(X0);

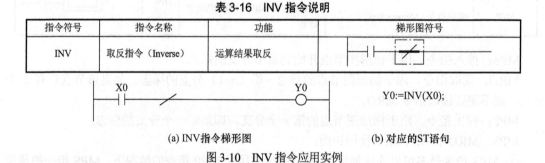

(a) INV指令梯形图　　(b) 对应的ST语句

图 3-10　INV 指令应用实例

3.2.4　运算结果脉冲化指令

运算结果脉冲化指令包括 MEP 指令和 MEF 指令。

MEP：在 MEP 指令之前的运算结果为上升沿时（OFF→ON），运算结果变为 ON（导通状态）。MEP 指令之前的运算结果为上升沿以外的情况下，运算结果变为 OFF（非导通状态）。

MEF：在 MEF 指令之前的运算结果为下降沿时（ON→OFF），运算结果变为 ON（导通状态）。MEF 指令之前的运算结果为下降沿以外的情况下，运算结果变为 OFF（非导通状态）。

MEP、MEF 指令说明见表 3-17。

表 3-17　MEP、MEF 指令说明

指令符号	功能	梯形图符号	
MEP	运算结果上升沿脉冲化	MEP	──┤ ├── ┊↑┊
MEF	运算结果下降沿脉冲化	MEF	──┤ ├── ┊↓┊

3.3　输 出 指 令

输出指令 MP4

输出指令主要包括 OUT 指令、定时器指令、计数器指令、超长计数器指令、报警器指令、软元件的置位及复位指令、报警器的置位及复位指令、上升沿和下降沿的输出指令、位软元件输出取反指令等。

3.3.1　OUT 指令

OUT 指令主要用于将之前的运算结果输出到指定的软元件中。OUT 指令说明见表 3-18。

表 3-18　OUT 指令说明

指令符号	指令名称	功能	梯形图符号
OUT	输出指令（OUT）	线圈输出	──(d)──

① OUT 指令可用于输出继电器（Y）、辅助继电器（M）、状态继电器（S）、定时器（T）、计数器（C）等。三菱 FX5U PLC 的位软元件 X 也可以作为操作数，此时将根据运算结果改变相应 X 存储单元的内容。

② OUT 指令可以无限次数使用。

③ 定时器与计数器使用 OUT 指令后，必须在其后面设定常数 K，可以用数据寄存器（D）的内部给定值来设定。

在 PLC 编程中，双重输出要非常谨慎。按照 PLC 的工作原理，只有所有的指令全部执行完毕之后，才会将软元件的映像寄存器的通断状态发送给输出锁存寄存器，从而控制 PLC 的实际输出动作。因此，当有多个相同的软元件输出的情况发生时，只有最后一个输出才真正起作用。因此，建议初学者在程序设计时要尽量避免多重输出。

如图 3-11（a）所示，Y1 的通断实际上与 X1 是否通断无关，只有 T0 导通之后，Y1 才会有输出。这可能与设计者的初衷不符，可以采用图 3-11（b）的方法，利用辅助继电器 M1、M2 的或运算输出来实现。

3.3.2　定时器指令

定时器主要用于程序中的延时控制。三菱 FX5U PLC 提供了 6 种类型的定时器：OUT　T、OUTH　T、OUTHS　T、OUT　ST、OUTH　ST 和 OUTHS　ST。

当 OUT 指令之前的运算结果为 ON 时，(d) 中指定的定时器/累计定时器的线圈将为 ON，并进行计时，直至达到设定值为止。如果到了设定值，常开触点将导通，常闭触点将断开。定时器的梯形图如图 3-12 所示。

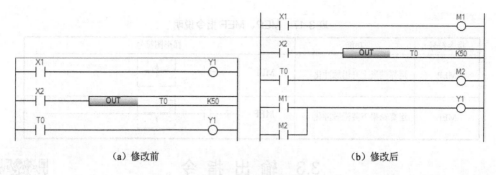

（a）修改前　　　　　　　　　　　　　　　（b）修改后

图 3-11　多重输出

值得注意的是，定时器设定值的范围为 1～32767。其中，OUT 指令为 100ms 定时器，OUTH 指令为 10ms 定时器，OUTHS 指令为 1ms 定时器。因此，各定时器的设定值范围为：

● OUT 指令，0.1～3276.7s；
● OUTH 指令，0.01～327.67s；
● OUTHS 指令，0.001～32.767s。

定时器的主要用法如下：

① 指令格式。如图 3-13 所示为定时器指令的编程格式。

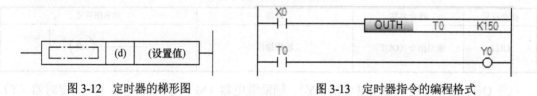

图 3-12　定时器的梯形图　　　　　图 3-13　定时器指令的编程格式

② 指令说明。如图 3-13 所示，当 X0=1 时，定时器 T0 开始计时。当计时时间达到 0.01×150=1.5s 后，对应触点 T0 接通，此时 Y0 输出。当 X0 断开时，定时器 T0 线圈断开，Y0 跟着断开。

【例 3-6】如图 3-14 所示为一个检票栏杆延时关闭系统。当传感器 PB1 检测到车辆时，杆 MTR1 抬起，车辆通过。当传感器 PB1 没有检测到车辆时，延时 10s 后，杆 MTR1 落下，检票栏杆再次关闭。表 3-19 为该系统的器件及功能表。

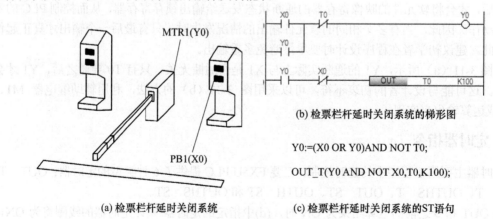

(b) 检票栏杆延时关闭系统的梯形图

Y0:=(X0 OR Y0)AND NOT T0;

OUT_T(Y0 AND NOT X0,T0,K100);

（a）检票栏杆延时关闭系统　　（c）检票栏杆延时关闭系统的ST语句

图 3-14　检票栏杆延时关闭系统

表 3-19　延迟检票栏关闭系统的器件及其对应的功能表

器件	PLC 软元件	说明	器件	PLC 软元件	说明
PB1	X0	传感器	MTR1	Y0	栏杆升起执行器

3.3.3　计数器指令

计数器主要用于实现对输入脉冲个数的累计，从而实现计数的目的。计数器主要有两种：普通计数器 OUT C 和超长计数器 OUT LC，两者的差别主要是计数器长度不同。当 OUT 指令之前的运算结果由 OFF→ON 变化时，将(d)中指定的计数器的当前值+1，而 OUT 指令之前的运算结果一直为 ON 时，即运算结果不变的情况下是不进行计数的。如果计数达到设定值，常开触点导通，常闭触点断开。

对于普通计数器（OUT C）而言：

① 计数器的计数范围为 0~65535（0~2^{16}-1）；

② 计数达到设定值，只有执行 RST 指令后，计数值才会清零，触点状态才会恢复到初始状态。

对于超长计数器（OUT LC）而言：

① 计数器的计数范围为 0~4294967295（0~2^{32}-1）。

② 计数达到设定值，只有执行 RST 或 ZRST 指令后，计数值才会清零，触点状态才会恢复到初始状态。

OUT C、OUT LC 指令说明见表 3-20。

表 3-20　OUT C、OUT LC 指令说明

指令符号	指令名称	功能	梯形图符号
OUT C	普通计数器	计数	⬚:⬚:⬚ (d) (设置值)
OUT LC	超长计数器	计数	⬚:⬚ (d) (设置值)

【例 3-7】如图 3-15 所示为一个工厂流水线上用于累计传送带上瓶子数量的系统。瓶子在传送带上传输时，触发计数器装置 PC1，计数器记下瓶子数量。当计数达到设定值时，显示屏上停止装载指示灯 LP1 发出提醒。在按下复位按钮 PB2 后，即可开始下一次循环计数。表 3-21 为该系统的器件及功能表。

表 3-21　流水线瓶子计数系统的器件及功能表

器件	PLC 软元件	说明	器件	PLC 软元件	说明
PC1	X0	光电传感器	LP1	Y0	停止装载指示灯
PB2	X1	计数器复位按钮		C0	计数器

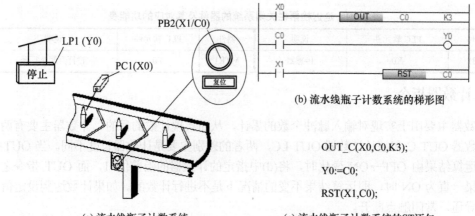

（b）流水线瓶子计数系统的梯形图

OUT_C(X0,C0,K3);
Y0:=C0;
RST(X1,C0);

（a）流水线瓶子计数系统   （c）流水线瓶子计数系统的ST语句

图 3-15　流水线瓶子计数系统

【例 3-8】如图 3-16 所示为一个时钟显示系统。时钟上分别显示时、分、秒。利用特殊辅助继电器 SM8013 或 SM412，实现了周期为 1s 的时钟脉冲，并利用这个时钟脉冲实现了秒的计数。因为 1s 计数 1 次，即通过计数达到计时效果。并以此累计，秒计数器每计数满 60，则分计数器加 1；分计数器每计数满 60，则时计数器加 1，从而实现分和小时的计时。表 3-22 为该系统的器件及功能表。

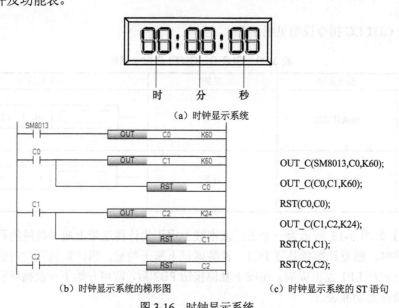

（a）时钟显示系统

OUT_C(SM8013,C0,K60);
OUT_C(C0,C1,K60);
RST(C0,C0);
OUT_C(C1,C2,K24);
RST(C1,C1);
RST(C2,C2);

（b）时钟显示系统的梯形图   （c）时钟显示系统的ST语句

图 3-16　时钟显示系统

表 3-22　时钟显示系统的器件及功能表

器件	PLC 软元件	说明	器件	PLC 软元件	说明
SEC	C0	秒计数器	HRS	C2	时计数器
MIN	C1	分计数器		SM8013	1s 时钟脉冲

3.3.4 报警器输出指令

报警器输出指令的目的是将 OUT F 指令之前的运算结果输出到指定的报警器。

通过 OUT F 指令，将报警器（F）置为 ON 的情况如下所示：

① 将变为 ON 的报警器编号（F 编号）存储到特殊寄存器（SD64～SD79）中，并将 SD63 的内容+1。

② 当 SD63 的内容达到 16，即报警器已达 16 个 ON 时，报警器存储已满，即使这时有新的报警器为 ON，变为 ON 的报警器编号也不被存储到 SD64～SD79 中。

而通过 OUT F 指令将报警器置为 OFF 的情况如下所示：

① 当线圈变为 OFF 时，SD64～SD79 的内容不会发生变化。

② 从 SD64～SD79 中将通过 OUT F 指令置为 OFF 的报警器删除的情况下，通过 RST　F 指令进行。

OUT F 指令说明见表 3-23。

表 3-23　OUT F 指令说明

指令符号	指令名称	功能	梯形图符号
OUT F	报警器输出	报警器	─────(d)─

OUT F 指令相关的软元件说明见表 3-24。

表 3-24　OUT F 指令相关的软元件说明

软元件	名称	内容
SD62	报警器编号	存储最先检测出的报警器编号
SD63	报警器个数	存储检测出报警器的个数
SD64～SD79	报警器检测编号表	报警器（F）为 ON 时，SD64～SD79 中依次为 ON 的报警器编号将被登录

3.3.5 软元件的置位及复位指令

置位（SET）、复位（RST）指令分别用于软元件的置位和复位。RST 和 SET 指令说明见表 3-25。

表 3-25　SET、RST 指令说明

指令符号	指令名称	功能	梯形图符号
SET	置位指令（Setting）	软元件的置位	─[□ ─ □] (d)─
RST	复位指令（Reset）	软元件的复位	

当 SET 输入为 ON 时，(d)中指定的软元件将变为下述状态。

① 位软元件：线圈、触点置为 ON。

② 字软元件的指定位：指定位将置为 1。

当 RST 输入为 ON 时，(d)中指定的软元件将变为下述状态。

① 位软元件：线圈、触点置为 OFF。

② 定时器、计数器：当前值置为 0，且线圈、触点置为 OFF。

③ 字软元件的指定位：指定位将置为 0。

④ 字软元件、模块访问软元件、变址寄存器：内容置为 0。

对于置位为 ON 的软元件来说，即使前面的执行指令变为 OFF，也将保持为 ON 不变。如果需要将其置为 OFF，则可以通过 RST 指令来实现。如图 3-17 所示。

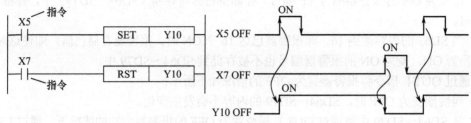

图 3-17　置位、复位指令的使用说明

对于字软元件而言，如果需要复位，可采用 RST 复位，或利用 MOV 指令实现复位。如图 3-18 所示。

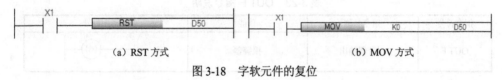

图 3-18　字软元件的复位

3.4　主控制指令

主控制指令是指通过梯形图的公共母线的开、闭来创建高效的梯形图切换程序的指令。主控制指令包括 MC 指令和 MCR 指令。MC 指令为开始主控制指令，表示主控程序从这里开始；MCR 指令为结束主控制指令，表示主控程序到这里结束。主控制指令说明见表 3-26。

表 3-26　MC、MCR 指令说明

指令符号	指令名称	功能	梯形图符号
MC	主控制开始	主控制开始	MC ── ┤├ ── [:] (N) (d) (N) (d) 　　　　　　主控制电路
MCR	主控制结束	主控制解除	MCR ── [:] (N)

如图 3-19 所示为使用主控制指令的例子。当 X0 为 ON 时，程序进入主控程序 N1，并执行相关的程序[图中程序（1）部分]；当 X0 为 OFF 时，程序跳过主控程序 N1，并执行 MCR N1 后面的程序。

在使用主控制指令 MC、MCR 时，应注意：

① 每个主控程序都需成对使用，即以 MC 指令开始，MCR 指令结束。

② 对于 MC 指令，通过改变(d)的软元件，可以多次使用同一嵌套（N）编号。

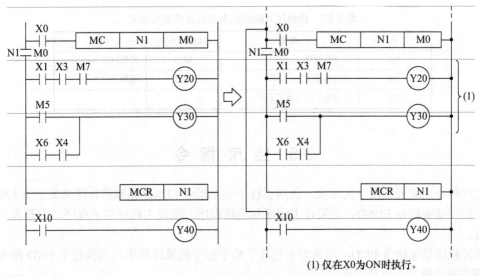

(1) 仅在X0为ON时执行。

图 3-19　使用主控制指令的例子

③ MC 指令为 ON 时，(d)中指定的软元件的线圈将变为 ON。

④ 如果在 OUT 指令中使用同一软元件，将造成双重输出。因此，(d)中指定的软元件请勿在其他指令中使用。

⑤ 主控制指令可通过嵌套结构使用，各个主控制区间通过嵌套（N）进行区分。嵌套最多可以有 15 个（N0～N14）。

【例 3-9】如图 3-20 所示为生产流水线中的颜料注入颜料罐系统。有黄色和蓝色两种颜料枪，因此可以选择黄色、蓝色和绿色（黄蓝混合）3 种颜色。图 3-20（b）为利用主控制指令实现不同颜色选择的梯形图。当开关 SW1 打到 X0 时，注入黄颜料；当开关 SW1 打到 X1 时，注入蓝颜料；而当开关 SW1 打到 X3 时，则黄颜料和蓝颜料都注入，即产生绿颜料。表 3-27 为该系统的器件及功能表。

绿颜料的选择不需要单独的主控程序来完成，可以利用其他主控程序的配合（图中的 N0 M10 和 N0 M11）来实现。

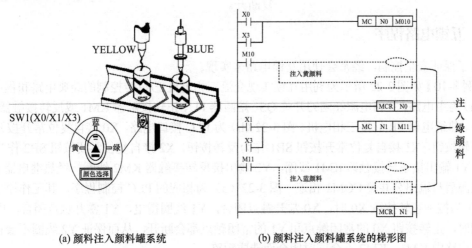

(a) 颜料注入颜料罐系统　　　　(b) 颜料注入颜料罐系统的梯形图

图 3-20　颜料注入颜料罐系统

表 3-27　颜料注入颜料罐系统的器件及功能表

PLC 软元件	说明	PLC 软元件	说明
X0	选择黄颜料	M10	黄颜料注入
X1	选择蓝颜料	M11	蓝颜料注入
X3	选择绿颜料（黄蓝混合）		

3.5　结束指令

结束指令用来表示程序的结束，包括主程序结束指令 FEND 和顺控程序结束指令 END。

主程序结束指令 FEND，主要在主程序与跳转程序，以及主程序与子程序、中断程序分开时使用。

顺控程序结束指令 END，用来表示包含了整个程序的最终结束。当执行了 END 指令后，CPU 模块将结束正在执行的程序。

3.6　经典的梯形图程序

经典的梯形图程序 MP4

3.6.1　启/保/停电路程序

为了实现电机的启动、停止控制，经常会用到启/保/停电路程序来启动、保持（自锁）和停止电机的动作。如图 3-21 所示，其工作原理为：

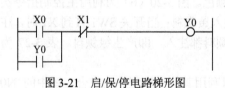

图 3-21　启/保/停电路梯形图

① 当自复位按钮 X0（启动按钮）按下的瞬间，常开触点 X0 闭合，Y0 线圈得电，Y0 的常开触点跟着闭合，线路形成自锁，Y0 输出端子连接的设备处于运行状态。

② 当自复位按钮 X1（停止按钮）按下的瞬间，常闭触点 X1 断开，Y0 线圈失电，Y0 的常开触点恢复断开。

3.6.2　互锁电路程序

为了保证安全控制，经常会使用互锁电路来实现。

【例 3-10】如图 3-22 所示为利用互锁实现交流三相电机正/反转控制的经典电路和程序。图 3-22（a）为主电路，三相电源经闸刀开关 QS、熔断器 FU、正转接触器 KM1 或反转接触器 KM2 的触点、热继电器 FR 后接三相电机。图 3-22（b）为 PLC 接口电路，X0 接自复位常开按钮 SB0 作为正转按钮，X1 接自复位常开按钮 SB1 作为反转按钮，X2 接自复位常闭按钮 SB2 作为停止按钮；Y1 输出接正转接触器 KM1 线圈，Y2 输出接反转接触器 KM2 线圈，经热继电器 FR 触点接电源后与输出公共端 COM1 相连。图 3-22（c）为相应的 PLC 控制程序，其工作原理为：

① 当按下正转按钮 X0 时，X0 常开触点闭合，Y1 线圈得电，Y1 常开触点闭合，电机正转。同时，正转按钮 X0 的常闭触点和 Y1 的常闭触点都会断开，从而保证 Y2 线圈不会得电，确保主电路中 KM1、KM2 不会同时闭合而造成短路。

② 同样地，当按下反转按钮 X1 时，X1 常开触点闭合，Y2 线圈得电，Y2 常开触点闭合，

电机反转。同时，反转按钮 X1 的常闭触点和 Y2 的常闭触点都会断开，从而保证 Y1 线圈不会得电，确保主电路不会短路。

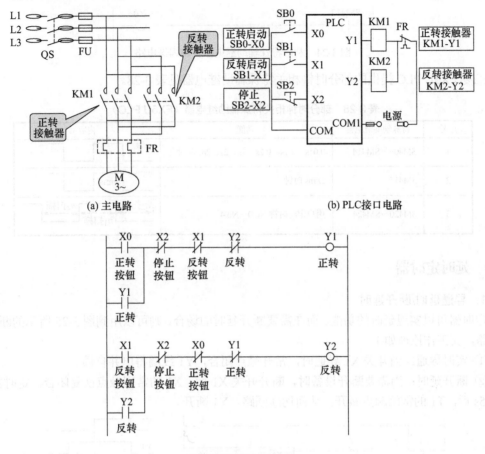

(a) 主电路　　　　　　　　　　　(b) PLC接口电路

(c) PLC控制程序

图 3-22　互锁电路梯形图

3.6.3　闪烁电路程序

为了完成闪烁控制（如灯的亮、灭），可以通过图 3-23 的闪烁电路来实现。图 3-23（a）为先灭后亮的闪烁控制，即灭延时 3s 后亮 1s 的闪烁。当 X0 导通后，定时器 T1 延时 3s 后导通，线圈 Y0 跟着导通，并触发定时器 T2 开始计时；T2 定时 1s 到后，T2 常闭触点断开，定时器 T1 线圈断开，同时 Y0 跟着断开。周而复始，从而实现闪烁控制。图 3-23（b）为先亮后灭的闪烁控制，原理与先灭后亮的闪烁控制类似。

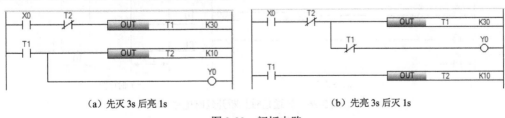

（a）先灭 3s 后亮 1s　　　　　　　　　　（b）先亮 3s 后灭 1s

图 3-23　闪烁电路

另外，如果占空比一致，即亮、灭的时间一致，也可用相应的特殊辅助继电器来实现这一功能。如图 3-24 所示为利用特殊辅助继电器 SM412（1s 时钟脉冲）实现闪烁电路的例子。

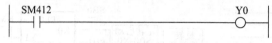

图 3-24　利用特殊辅助继电器实现闪烁电路

三菱 FX5U PLC 提供的部分时钟相关特殊辅助继电器见表 3-28。

表 3-28　部分时钟相关特殊辅助继电器（FX5U PLC）

序号	特殊辅助继电器	功能	内容
1	SM409～SM414	0.01s、0.1s、0.2s、1s、2s、2ns 时钟	ns　ns
2	SM415	2$n$ms 时钟	$n$ms　$n$ms
3	SM420～SM424	用户定时时钟 No.0～No.4	n_2扫描　n_2扫描　n_1扫描

3.6.4　延时定时器

1．导通延时/断开延时

定时器可以实现延时的功能。而在需要断开延时的场合，则可以用到图 3-25 所示的断开延时电路，其工作原理如下。

① 实时导通：当开关 X1 导通时，常开触点闭合，Y1 线圈得电并自锁。

② 断开延时：当需要断开设备时，断开开关 X1 后，X1 的常闭触点恢复闭合，定时器 T1 延时 5s 后，T1 的常闭触点断开，从而切断回路，Y1 断开。

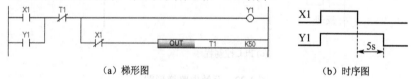

（a）梯形图　　　　　　　　　　　　（b）时序图

图 3-25　断开延时电路

在需要导通延时且断开延时的场合，可以用图 3-26 所示的电路，其工作原理如下。

① 导通延时：按下开关 X0 后，定时器 T0 延时 15s 后，Y1 导通，启动设备并自锁。

② 断开延时：断开开关 X0 后，X0 的常闭触点恢复闭合，定时器 T1 延时 10s 后，T1 的常闭触点断开，从而切断回路，Y1 断开。

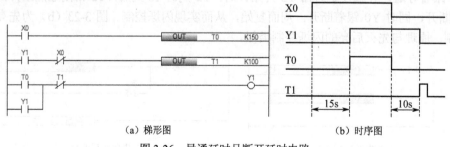

（a）梯形图　　　　　　　　　　　　（b）时序图

图 3-26　导通延时且断开延时电路

2．定时器的串联/并联

从 3.3.2 节中可知，OUT 指令的定时范围为 0.1～3276.7s。如果想实现更长时间定时，可以采用定时器的串联或并联方式。

定时器串联的方式如图 3-27 所示。当 X1 导通后，定时器 T1 延时 3000s 后，定时器 T2 跟着开始计时。T2 延时 600s 后，线圈 Y1 导通。这样，总的延时时间为 3000+600=3600s。

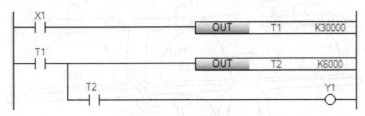

图 3-27　定时器的串联

也可以采用定时器和计数器的方式实现定时器的并联，如图 3-28 所示。其工作原理为：

① 当 X1 闭合后，定时器 T0 开始计时。计时 60s 后，计数器 T0 线圈导通，计数器 C1 加 1；同时，T0 常闭触点断开，T0 跟着断开，T0 常闭触点随即恢复闭合，T0 又开始新一轮的计时。

② 当计数器 C1 的计数数值达到 60 后，Y0 线圈导通。这样，延时的时间为 T0×C1=60s×60=3600s。

③ 当 X1 断开后，常闭触点 C1 恢复闭合，计数器 C1 清空，Y0 断开。

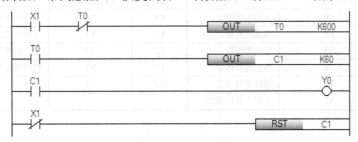

图 3-28　定时器的并联

3.7　基本指令的应用

基本指令的应用 MP4

3.7.1　抢答器控制系统

【例 3-11】如图 3-29 所示，多人抢答显示 PLC 系统的控制要求如下：

（1）共有 3 组人员参与抢答，分别为 2 名儿童、1 名学生、2 名教授，每个人面前各有一个抢答按钮。对于儿童而言，当 2 名儿童中任意一人在其他选手之前按下抢答器，其面前的抢答指示灯将点亮，获得抢答权；对于学生而言，当这名学生在其他选手之前按下抢答器，其面前的抢答指示灯将点亮，获得抢答权；对于教授而言，只有这 2 名教授在其他选手之前同时按下抢答器，其面前的抢答指示灯将点亮，获得抢答权。

（2）节目中设置幸运抢答环节。当主持人按下幸运抢答开关后，在 10s 内，如果有选手按要求（1）率先按下抢答按钮，该组面前的抢答指示灯将点亮，同时幸运彩球将摇晃。当幸运抢答开关断开后，幸运抢答结束。

（3）当主持人按下复位按钮后，所有的指示灯熄灭，这时方可进行下一轮抢答。

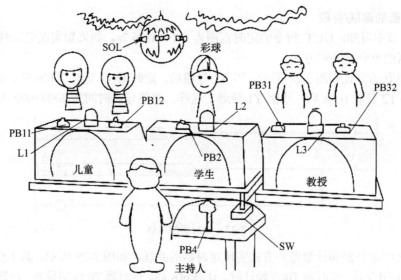

图 3-29　多人抢答显示 PLC 系统示意图

表 3-29 为多人抢答显示 PLC 系统的器件及功能表。

表 3-29　多人抢答显示 PLC 系统的器件及功能表

器件	PLC 软元件	说明	器件	PLC 软元件	说明
PB11	X0	儿童组按钮 1	SW	X7	主持人幸运抢答开关
PB12	X1	儿童组按钮 2	L1	Y1	儿童组抢答指示灯
PB2	X3	学生组按钮	L2	Y2	学生组抢答指示灯
PB31	X4	教授组按钮 1	L3	Y3	教授组抢答指示灯
PB32	X5	教授组按钮 2	SOL	Y4	彩球
PB4	X2	主持人复位按钮			

设计思路如下:

① 用互锁和自锁电路为基础构成各输出电路的控制。为了避免多组同时获得抢答权，即多个抢答指示灯同时亮的情况，采用互锁电路，将每一组的指示灯常闭触点串联到其他组中。如在儿童组抢答程序中，加入了学生组和教授组抢答指示灯的常闭触点 Y2 及 Y3。

② 在幸运彩球环节中，为了避免定时时间到后彩球晃动停止的情况，这里将彩球 Y4 的自锁触点并联到定时器 T0 常闭触点的后面。这样，定时器 T0 到时之后，虽然 T0 的常闭触点断开，但是在 Y4 常开触点自锁的作用下，Y4 线圈仍然处于得电状态。只有让主持人断开幸运抢答开关 X7 后，彩球 Y4 才会断电停止晃动。

如图 3-30、图 3-31 所示分别为多人抢答显示 PLC 系统的 ST 语句和梯形图。

Y1:=(X0 OR X1 OR Y1)AND NOT X2 AND NOT Y2 AND NOT Y3 ;

Y2:=(X3 OR Y2)AND NOT X2 AND NOT Y1 AND NOT Y3;

Y3:=(X4 AND X5 OR Y3)AND NOT X2 AND NOT Y1 AND NOT Y2;

Y4:=((Y1 OR Y2 OR Y3)AND NOT T0 OR Y4)AND X7;

OUT_T(X7,T0,K100);

图 3-30　多人抢答显示 PLC 系统的 ST 语句

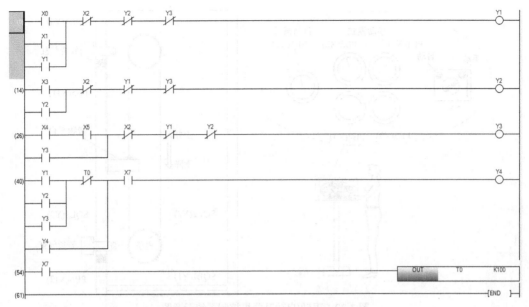

图 3-31　多人抢答显示 PLC 系统的梯形图

3.7.2　手动/自动升降机控制系统

【例 3-12】如图 3-32 所示，手动/自动升降机控制系统要求如下。

（1）设有手动/自动选择开关。当选择开关置为导通时，即进入手动控制模式。这时：①按住手动上升按钮就可实现升降机上升（松手则停）；当升降机上升到上限位之后，会触发上限位传感器自动停止。②反之，按住手动下降按钮可实现升降机下降（松手则停）；当升降机下降到下限位之后，会触发下限位传感器自动停止。③按住手动装货按钮，装货气缸得电推出，松开手动装货按钮，装货气缸断电退回。④按住手动卸货按钮，卸货气缸得电推出，松开手动卸货按钮，卸货气缸断电退回。

（2）当手动/自动选择开关置为断开时，则进入自动控制模式。这时：先按下自动启动按钮后，装货气缸、卸货气缸断电退回，升降机开始下降回到下限位传感器，完成初始化。然后装货气缸得电推出延时 1s，断电退回再延时 1s，完成装货；升降机自动上升，碰到上限位传感器后，卸货气缸得电推出延时 1s，断电退回再延时 1s，完成卸货；升降机下降，下降到下限位传感器后，再次装货。依次循环。

设计思路：

（1）本例采用主控电路实现装卸货升降机手动和自动两种模式之间的切换。

（2）手动模式 N0，实现升降机的升降和气缸的伸缩手动控制。

（3）自动模式 N1，为了避免在装卸货过程中货物未到达指定位置，要求货物到达装卸位置才可以动作。同时为了保证电机主电路不会短路，升降机上升与下降要互锁。为了保证装卸货安全，在装卸货时，升降机必须停止，即不能上升、不能下降，要互锁。

表 3-30 为手动/自动升降机控制系统的器件及功能表，其 ST 语句和梯形图如图 3-33、图 3-34 所示。

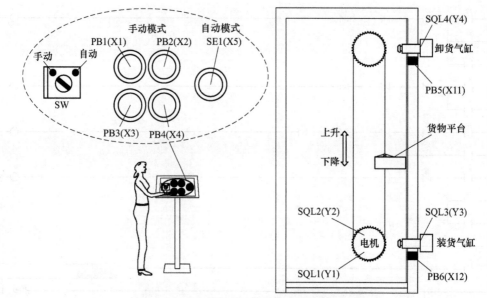

图 3-32　手动/自动升降机控制系统示意图

表 3-30　手动/自动升降机控制系统的器件及功能表

器件	PLC 软元件	说明	器件	PLC 软元件	说明
SW	X0	手动/自动选择开关	PB5	X11	上限位传感器
PB1	X1	手动上升按钮	PB6	X12	下限位传感器
PB2	X2	手动下降按钮	SQL1	Y1	升降机上升
PB3	X3	手动装货按钮	SQL2	Y2	升降机下降
PB4	X4	手动卸货按钮	SQL3	Y3	装货气缸
SE1	X5	自动启动按钮	SQL4	Y4	卸货气缸

```
MC(X0,N0,M3);
M11:=X1 AND NOT X11 AND NOT Y2;
M12:=X2 AND NOT X12 AND NOT Y1;
M13:=X3 AND X12 AND NOT Y1 AND NOT Y2;
M14:=X4 AND X11 AND NOT Y1 AND NOT Y2;
MCR(M3,N0);
MC(NOT X0,N1,M4);
RST(LDP(TRUE,X5),Y3);
RST(LDP(TRUE,X5),Y4);
M0:=(LDP(TRUE,X5) OR M0) AND NOT X12 ;
OUT_T(X12,T0,K10);
M23:=X12 AND NOT T0 AND NOT Y1 AND NOT Y2;
OUT_T(T0,T1,K10);
M21:=(T1 OR M21) AND NOT X11 AND NOT Y2 AND NOT Y3 AND NOT Y4;
OUT_T(X11,T2,K10);
M24:=X11 AND NOT T2 AND NOT Y1 AND NOT Y2;
OUT_T(T2,T4,K10);
M22:=(T4 OR M0 OR M22) AND NOT X12 AND NOT Y1 AND NOT Y3 AND NOT Y4;
MCR(M4,N1);
Y1:=M11 OR M21;
Y2:=M12 OR M22;
Y3:=M13 OR M23;
Y4:=M14 OR M24;
```

图 3-33　手动/自动升降机控制系统的 ST 语句

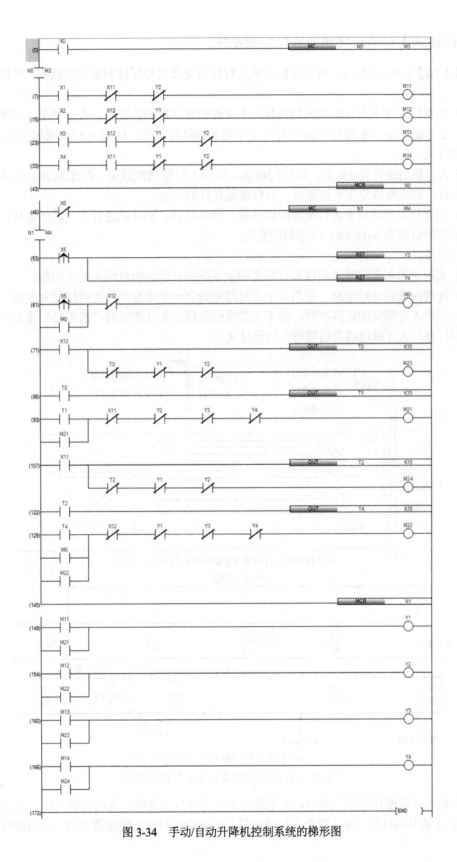

图 3-34 手动/自动升降机控制系统的梯形图

3.7.3 按钮式人行横道交通信号灯控制系统

【例3-13】如图3-35（a）所示为按钮式人行横道交通信号灯控制系统示意图，其控制要求如下：

（1）当有行人按下人行横道两侧任意一个交通信号灯控制按钮时，人行横道"请等待"指示灯亮，主干道经历30s绿灯→2s黄灯→主干道变成红灯常亮，1s后人行横道绿灯亮，"请等待"指示灯灭。

（2）人行横道绿灯亮15s后，绿灯闪烁5s，然后人行横道红灯亮。再过3s后，主干道由红灯变为绿灯，即道路恢复主干道绿灯、人行横道红灯的状态。

（3）当有行人再次按下人行横道两侧任意一个按钮后，则开始进行下一轮的循环。

交通信号灯按图3-35（b）所示顺序变化。

设计思路：

（1）本例采用多个定时器实现人行横道和主干道的红绿灯的时间及顺序控制。

（2）使用闪烁和计数电路，采用多个定时器来设计一个更复杂的逻辑控制并编程。

（3）只要人行横道的红灯亮时，按下人行横道按钮，人行横道的"请等待"指示灯亮；人行横道绿灯亮，人行横道的"请等待"指示灯灭。

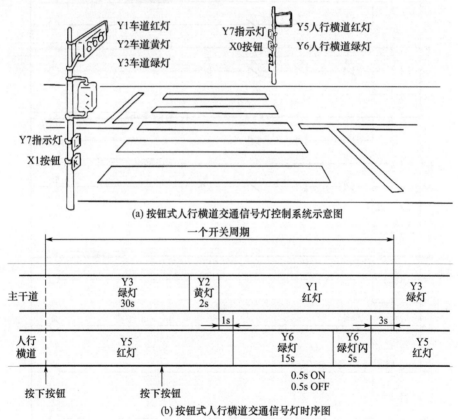

(a) 按钮式人行横道交通信号灯控制系统示意图

(b) 按钮式人行横道交通信号灯时序图

图3-35 按钮式人行横道交通信号灯控制系统

（4）在人行横道红绿灯控制中，为了避免主干道红灯亮起时行人抢行斑马线，主干道和人行横道有1s的共同红灯。为了避免人行横道绿灯闪烁结束时行人滞留斑马线，为滞留斑马线的行人保留 3s 通过斑马线的时间，保证行人安全。

表 3-31 为按钮式人行横道交通信号灯控制系统的器件及功能表。

表 3-31 按钮式人行横道交通信号灯控制系统的器件及功能表

器件	PLC 软元件	说明	器件	PLC 软元件	说明
PB1	X0	人行横道按钮 1	TLG1	Y3	车道绿灯
PB2	X1	人行横道按钮 2	SLR1	Y5	人行横道红灯
TLR1	Y1	车道红灯	SLG1	Y6	人行横道绿灯
TLY1	Y2	车道黄灯	PBL1	Y7	人行横道"请等待"指示灯

如图 3-36 和图 3-37 分别为对应的控制系统梯形图及 ST 语句。

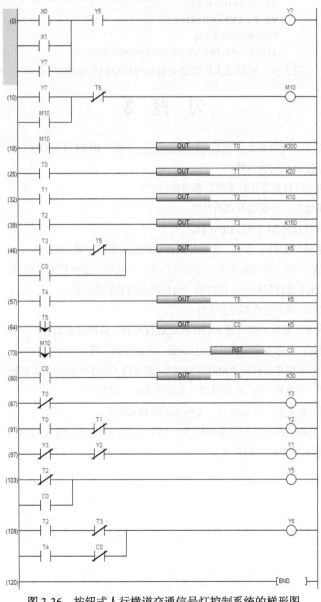

图 3-36 按钮式人行横道交通信号灯控制系统的梯形图

Y7:=(X0 OR X1 OR Y7) AND Y5;
M10:=(Y7 OR M10) AND NOT T6;
OUT_T(M10,T0,K300);
OUT_T(T0,T1,K20);
OUT_T(T1,T2,K10);
OUT_T(T2,T3,K150);
OUT_T(T3 AND NOT T5 OR C0,T4,K5);
OUT_T(T4,T5,K5);
OUT_C(LDF(TRUE,T5),C0,K5);
RST(LDF(TRUE,M10),C0);
OUT_T(C0,T6,K30);
Y3:=NOT T0;
Y2:=T0 AND NOT T1;
Y1:=NOT Y3 AND NOT Y2;
Y5:=NOT T2 OR C0;
Y6:=(T2 AND NOT T3)OR (T4 AND NOT C0);

图 3-37 按钮式人行横道交通信号灯控制系统的 ST 语句

习 题 3

3-1 在 FX5U PLC 中，特殊辅助继电器_____可实现 RUN 之后 ON 一个扫描周期；特殊辅助继电器_____可实现 1s 的时钟脉冲。

3-2 FX5U PLC 的定时器有哪几种类型？各有何特点？

3-3 设计一个互锁电路，并说明互锁的目的。

3-4 设计一个定时时长为 24 小时的定时器。

3-5 有两台电机采用三菱 PLC 控制，根据相关要求编制梯形图。要求如下：

（1）按下启动按钮后，第一台电机工作 5 分钟后停止，同时第二台电机跟着启动。

（2）第二台电机工作 3 分钟后停止，同时第一台电机又接着启动工作。

（3）如此重复 5 次后，两台电机都停止工作。

3-6 有一台机电设备，要求采用三菱 FX5U PLC 进行控制，具体要求如下：

（1）按下启动按钮后，工作指示灯亮。延时 3s 后，电机开始工作。

（2）电机工作时：①如果开关打在"短时间模式"，则电机工作 5 个周期（先正转 10s，再停 2s）；②如果开关打在"长时间模式"，则电机工作 20 个周期（先正转 10s，再停 2s）。

（3）电机工作周期结束之后，电机断开，工作指示灯自动熄灭。

请分配 I/O 接口，并编写出相应的梯形图程序。（注：①启动按钮为自复位按钮；②开关的 ON 状态对应"长时间模式"，OFF 状态对应"短时间模式"。）

第4章 PLC步进梯形图指令

在工业控制中，有的工业流程按照工序分成若干个阶段，每个阶段需要完成相应的工作。在完成相应的工作之后，并在一定的转移条件下，从当前的工序转移到下一道工序。这样的控制方式称为顺序控制。对于顺序控制而言，虽然动作清晰，但当 I/O 点数较多，且工序之间的动作关系较为复杂时，若直接采用第 3 章所提到的梯形图来控制，往往就显得较为复杂。为了解决这样的问题，三菱 PLC 采用了 SFC（顺序功能图）的方式来完成 PLC 程序的顺序控制。

三菱 GX Works3 软件虽然目前不支持 FX5U PLC 的 SFC 编程，但仍然保留了步进梯形图的相关指令（这与之前 FX 系列 PLC 的编程软件 GX Works2 等略有区别）。

4.1 顺序功能图

下面举例介绍顺序控制的方法。如图 4-1 所示，有一往返小车，采用 PLC 控制，其控制要求如下：

① 当按下启动按钮 PB 后，小车前进。碰到小前进限位开关 LS1 后，小车立即后退。

② 小车后退之后，当碰到后退限位开关 LS2 后，小车停止，5s 后再次前进。小车达到大前进限位开关 LS3 后，立即后退。

③ 小车后退之后，当再次触发到后退限位开关 LS2 后，小车停止运动。

④ 上述动作之后，当再次按下启动按钮 PB 后，则重复上述的动作。

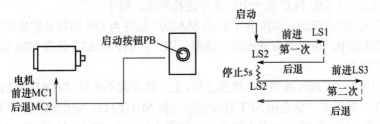

图 4-1 小车的往返动作示意图

小车的整个动作流程可以用图 4-2（a）所示的工序图和图 4-2（b）所示的顺序功能图（Sequential Function Chart，SFC）来表示。在图 4-2（a）中：

① 小车的动作划分为若干个工序。

② 每个工序之间用竖线来连接。上一个工序和下一个工序之间，需要相应的转移条件（上一个工序推进到下一个工序的条件）。

③ 每个工序的右侧，对应这一工序需要执行的指令动作。

在图 4-2（b）中：

① 以机械动作为基础，按工序分配步进继电器 S，作为连接在状态触点（STL 触点）中的回路，进行输入条件和输出控制的 SFC 编程。建议初始工序状态用 S0～S9 表示；S10～S19 用于 IST 指令（FNC 60）状态初始化；其他工序用 S20 之后的状态继电器。

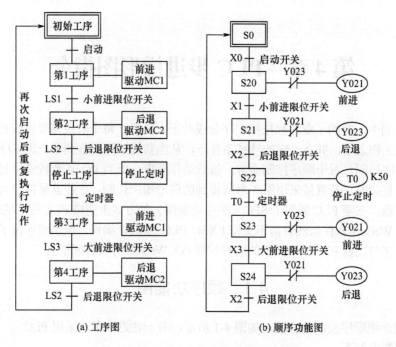

(a) 工序图   (b) 顺序功能图

图 4-2 往返小车的工序图和顺序功能图

② 转移条件的软元件根据实际需求来分配。例如，启动开关 X0 为初始状态 S0 进入第 1 工序 S20 的转移条件，X1 为第 1 工序 S20（小前进）进入第 2 工序 S21（后退）的转移条件。

③ 对于每个状态而言，各状态通常具有 3 个功能：驱动负载（可选）、指定转移目标、指定转移条件。如果这一状态中没有负载，则不需要进行驱动处理。

如图 4-3 所示为 FX5U PLC 的一个经典步进梯形图。图中：

① 输出必须用触点驱动。如图中 Y30 用 SM400（始终为 ON 的特殊辅助继电器）来驱动。

② 在不同状态中，可以重复输出同一线圈。图中，S31 和 S32 都有 Y30 输出。这一点是步进顺控最大的特色。

③ 当程序由上一状态转移到下一状态之后，上一状态就不执行，即 OUT 输出（如 OUT Y30）将被复位。但是，如果上一状态用 SET 置位输出（如 SET Y31），则仍然保持原来的输出不变。

④ 不能重复使用相同的步进继电器编号。如图 4-3 所示，STL S31 或 STL S32 不能重复使用。

⑤ STL 表示开始步进梯形图，RETSTL 表示结束步进梯形图（见表 4-1）。在连续进行步进梯形图编程即有多个步进状态的场合下，除最后一个步进梯形图外，其余的 RETSTL 都可以省略。

⑥ 可以采用 RST 指令或 ZRST 指令，对一个状态或多个状态进行复位。

表 4-1 步进顺控指令

指令符	名称	指令含义
STL	开始步进梯形图	表示步进的开始
RETSTL	结束步进梯形图	表示步进的结束

另外，表 4-2 为步进梯形图中常用到的部分特殊辅助继电器。

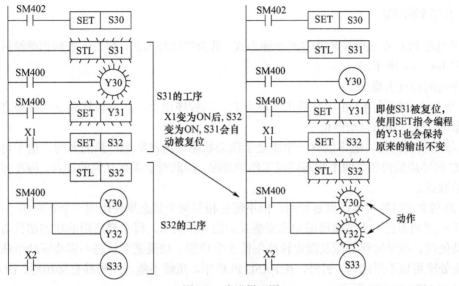

图 4-3 步进梯形图

表 4-2 步进梯形图中常用到的部分特殊辅助继电器（FX5U PLC）

序号	软元件	名称	内容
1	SM8040	禁止转移	如果 SM8040 置为 ON，则所有的状态之间转移被禁止
2	SM8046	STL 动作	步进继电器为 ON 时，SM8046 自动变为 ON
3	SM8047	STL 监控有效	如果 SM8047 置为 ON，步进继电器中正在动作的步进继电器编号按照从小到大的顺序存储到 SD8040～SD8047 中
4	SD8040～SD8047	ON 步进继电器编号	将为 ON 的步进继电器编号按照从小到大的顺序存储到 SD8040～SD8047（最大 8 个）中

4.2 顺序控制的基本结构

顺序控制的
基本结构 MP4

根据控制流程的不同，顺序功能图（SFC）有 3 种基本的结构形式：单序列、选择序列和并行序列，如图 4-4 所示。其中，单纯动作的顺序控制通常只需单序列控制就足够了。但是，当不同转移条件下有不同转移情况时，或者是同一转移条件下有多个转移状态时，就可以采用选择序列或者并行序列来处理。

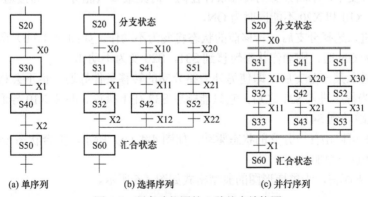

图 4-4 顺序功能图的 3 种基本结构图

4.2.1 单序列结构

单序列是 PLC 步进顺控最基本的一种形式。其为单流程形式，即为一系列相继激活的步组成。如图 4-4（a）所示。

单序列的特点主要如下：

① 步与步之间采用了由上往下的串联方式。当程序由上一状态转移到下一状态之后，下一状态激活，上一状态自动停止。

② 除转换瞬间外，通常仅有一个步处于活动状态。而在状态转换的瞬间，由于可能存在一个 PLC 循环周期内相邻两个状态同时工作的情况，因此对于需要互锁的场合，应在程序中加入互锁的触点。

③ 原则上定时器也可以重复使用，但不能在相邻两个状态里使用同一个定时器。

对于单序列而言，步进梯形图的典型格式如图 4-5 所示。每个梯形图的状态都具备了对负载的驱动处理、指定转移目标及指定转移条件 3 个功能。如果某个状态不需要驱动负载，则负载的驱动处理可以不用编写。另外，在 FX5U PLC 中，负载不能与左母线直接相连。图 4-5 中，Y10 通过 SM400 触点来驱动。

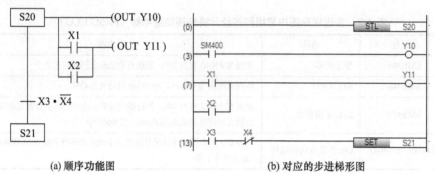

(a) 顺序功能图   (b) 对应的步进梯形图

图 4-5 单序列的步进梯形图

4.2.2 选择序列结构

根据转移条件的不同，对应多个不同的工序，即不同的分支流程。执行某一分支，称为选择分支。在选择分支处理之后，需要通过选择汇合，将不同转移条件下的状态回归到同一个状态。选择序列的特点主要如下：

① 在选择分支中，不同分支的转移条件在同一时刻最多只能有一个为接通状态。如图 4-4（b）所示，X0、X10 和 X20 不能同时为 ON。

② 当程序进入选择分支后，转移前的状态将变为不动作。如图 4-4（b）所示，当程序处于 S20，且 X0 为 ON 时，则动作状态转移到 S31，S20 变为不动作。

③ 当程序进入某一分支后，即使另外一路分支的转移条件导通，也不会相应动作。如图 4-4（b）所示，当程序进入 S31 之后，它只能顺着 S32 往下执行。即使 X10 导通，程序也不会由 S31 这一分支跳转到 S41。

④ 汇合状态可以由任一分支的状态驱动。如图 4-4（b）所示，汇合状态 S60 可以由 S32、S42、S52 中的任意一个驱动。

对于选择分支而言，步进梯形图的典型格式如图 4-6 所示。

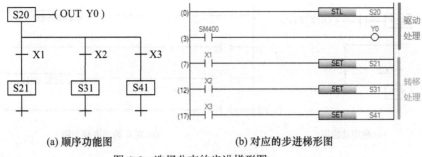

(a) 顺序功能图   (b) 对应的步进梯形图

图 4-6　选择分支的步进梯形图

而选择汇合的步进梯形图如图 4-7 所示。

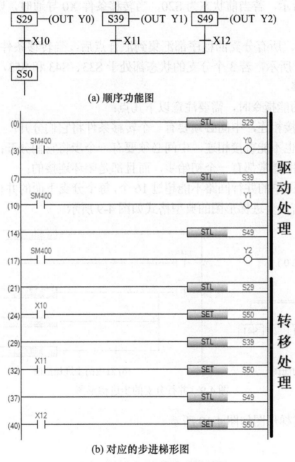

(b) 对应的步进梯形图

图 4-7　选择汇合的步进梯形图

另外，程序跳转也是步进梯形图的一种典型应用，如图 4-8 所示。注意：跳转用的指令是OUT，而不是 SET。

4.2.3　并行序列结构

能够同时处理多个工序的分支，称为并行分支。并行分支执行之后，也需要将不同分支上的状态最终汇总到同一状态输出，称为并行汇合。并行序列的特点主要如下：

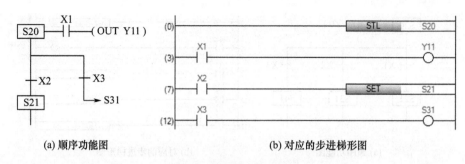

(a) 顺序功能图　　　　　　(b) 对应的步进梯形图

图 4-8　跳转的步进梯形图

① 与选择序列不同的是，并行分支是在某一转移条件满足的情况下向多个分支同步并行转移。如图 4-4（c）所示，若当前状态为 S20，当转移条件 X0 导通时，则程序向 S31、S41 和 S51 同时转移。

② 在并行汇合中，所有分支的程序都汇集到汇合点后，当转移条件满足时，程序才能往下汇合。如图 4-4（c）所示，若 3 个分支的状态都处于 S33、S43 和 S53，当转移条件 X1 导通时，则程序向 S60 转移。

在绘制并行分支功能指令时，需要注意以下几点：

① 两个步不能直接相连，中间必须要有一个转移条件将它们分开；

② 两个转移条件也不能直接相连，中间必须要有一个步将它们分开；

③ 每个顺序功能图通常都有一个初始步，而且都是闭环连接的；

④ 每个顺序功能图中的并行回路不能超过 16 个，每个分支下面的并行回路不能超过 8 个。

对于并行分支而言，步进梯形图的典型格式如图 4-9 所示。

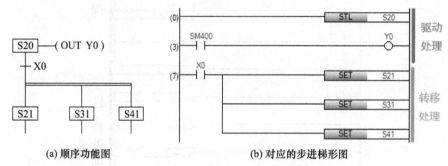

(a) 顺序功能图　　　　　　(b) 对应的步进梯形图

图 4-9　并行分支的步进梯形图

而并行汇合的步进梯形图如图 4-10 所示。

4.2.4　其他结构

1. 跳转结构

直接转移到下方的状态及转移到流程外的状态，称为跳转。一般用"→"来表示要转移的目标状态。跳转指令执行的意义是：在满足跳转指令（X0=ON）时，执行跳转程序。如图 4-11 所示。在图 4-11（a）中，满足转移条件则执行目标状态 S20，否则跳转至目标状态 S22，在顺序功能图中有两种表达方式；在图 4-11（b）中，当满足转移条件时执行目标状态 S20，否则跳转至目标状态 S32，同样在顺序功能图中有两种表达方式。

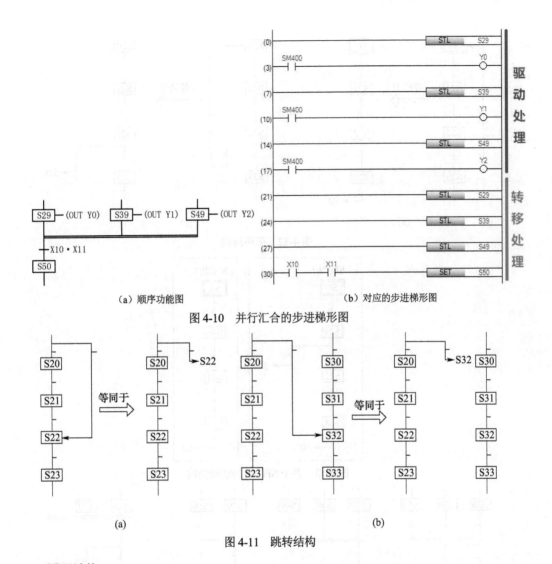

（a）顺序功能图　　　　　　　　　　（b）对应的步进梯形图

图 4-10　并行汇合的步进梯形图

（a）　　　　　　　　　　　　　　（b）

图 4-11　跳转结构

2．循环结构

转移到上方的状态称为循环，同样使用"→"表示要转移的目标状态，如图 4-12 所示。在图 4-12（a）中，执行完最后一个目标状态后，满足一定的转移条件即可回到初始目标状态 S0，从而实现循环，在顺序功能图中有两种表达方式；在图 4-12（b）中，中间目标状态 S22 在满足一定的转移条件后也可返回至目标状态 S20，同样在顺序功能图中也有两种表达方式。

一个顺序功能图（SFC）程序可以具有多个初始状态的 SFC 块，每个 SFC 块形成一个程序控制流程，在 SFC 块之间也可以进行状态转移。如图 4-13 所示，SFC 块 1 中的目标状态 S21 在满足一定的转移条件后可跳转至 SFC 块 2 中的 S41。

3．空状态

在顺序功能图中还有一种目标状态——空状态。如图 4-14 所示，从汇合到分支线，需要在中间加入一个空状态。图 4-14 所示为空状态比较常见的 4 种表达方式。

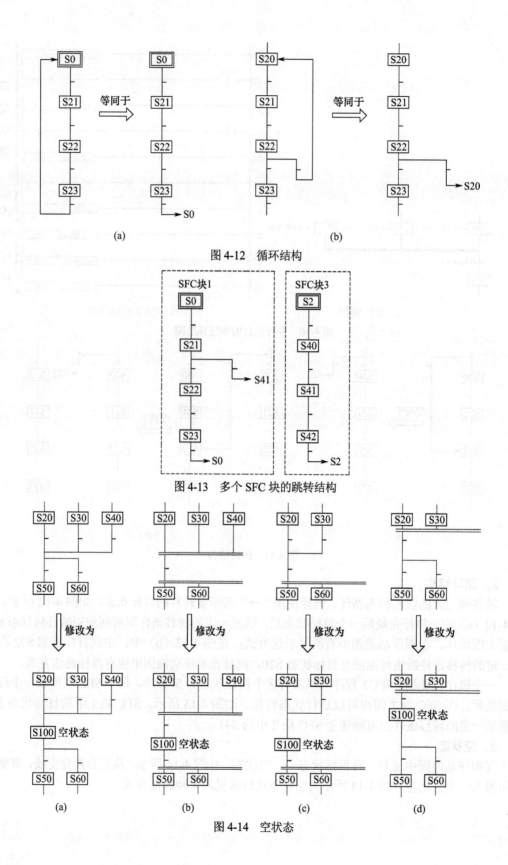

图 4-12 循环结构

图 4-13 多个 SFC 块的跳转结构

图 4-14 空状态

4.3 顺序控制应用实例

4.3.1 单序列控制实例

如图 4-15 所示，一个喷泉系统采用 PLC 控制。要求如下：

（1）PLC 运行之后，系统待机显示灯（Y0）亮。

（2）如果连续运行 X1=OFF，且步进运行 X2=OFF，则：①按下启动按钮 X0 后，中央指示灯（Y1）亮 2s；②中央喷泉（Y2）喷水 2s；③环状指示灯（Y3）亮 2s；④环状喷泉（Y4）喷水 2s；⑤回到步骤（1）的待机显示状态（Y0）。

（3）如果连续运行 X1=ON，则执行第（2）步的①~④（Y1~Y4）之后，直接回到①，重复 Y1~Y4 的动作。

（4）如果步进运行 X2=ON，则每按一次启动按钮 X0，各输出依次动作一次。

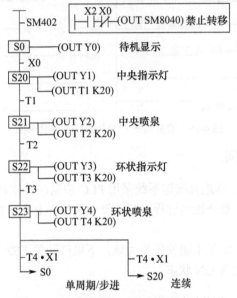

图 4-15 喷泉系统 PLC 控制的顺序功能图

对应的步进梯形图如图 4-16 所示，需要注意的是：

（1）为了保证步进梯形图运行，需要对初始状态 S0 置为 ON。这里，通过特殊辅助继电器 SM402，使得 PLC RUN 时导通一个时钟脉冲，从而对 S0 置为 ON。

（2）和三菱之前的 PLC 不同的是，在 FX5U PLC 中，负载不能与左母线直接相连。例如，图中 Y0 用 SM400（始终为 ON 的特殊辅助继电器）来驱动，否则程序会报错。

（3）在单步控制中，采用特殊辅助继电器 SM8040 来实现。如果 SM8040 置为 ON，则所有的状态之间转移将被禁止。所以，在步进运行按钮 X2 导通时，每按一次启动按钮 X0，则 SM8040 将断开一次，步进梯形图将运行一个步进状态。

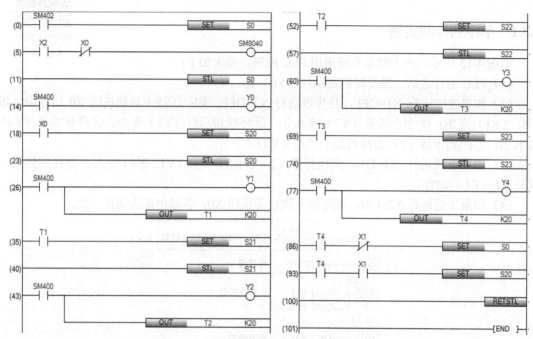

图 4-16 喷泉系统 PLC 控制的步进梯形图

4.3.2 选择序列控制实例

如图 4-17 所示，大、小球选择搬运系统采用 PLC 控制，具体要求如下：

（1）左上为原点位置，整个搬运过程按照下降→吸住→上升→右行→下降→释放→上升→左行的顺序依次动作。

（2）当机械臂下降后，如果电磁铁压住大球，下限位开关 LS2 为 OFF 状态；如果电磁铁压住小球，下限位开关 LS2 为 ON 状态。

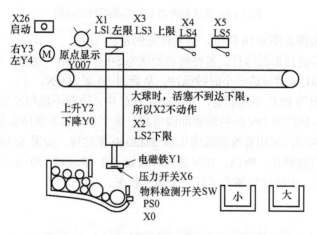

图 4-17 大、小球选择搬运系统的工作示意图

大、小球选择搬运系统的顺序功能图如图 4-18 所示，对应的步进梯形图如图 4-19 所示。一上电，系统进入回原点步骤 S0，先确保系统回到原点。回到原点且检测到有物料之后，按下启动按钮，系统开始工作。在这里，要注意选择分支、选择汇合的使用方法。在电磁铁"抓取"球的过程中，延时 T0=2s 后，当 X2=ON 时，说明此时电磁铁吸住的是小球，则程序进入小球的选择分支；当 X2=OFF 时，说明此时电磁铁吸住的是大球，则程序进入大球的选择分支。在电磁铁吸住球后，确保压力开关工作（X6=ON），才能搬运。

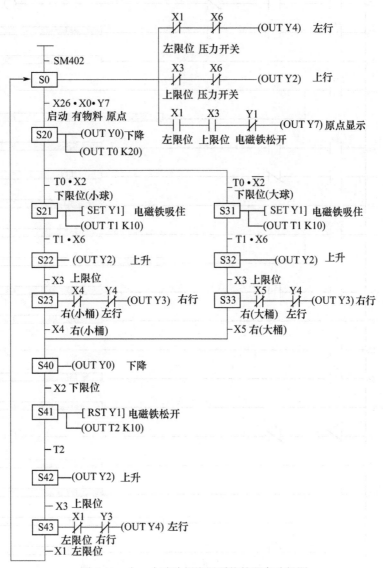

图 4-18　大、小球选择搬运系统的顺序功能图

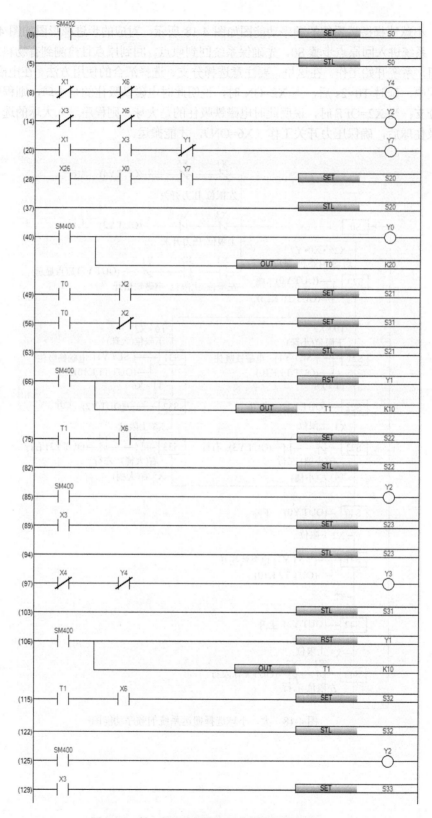

图4-19 大、小球选择搬运系统的步进梯形图

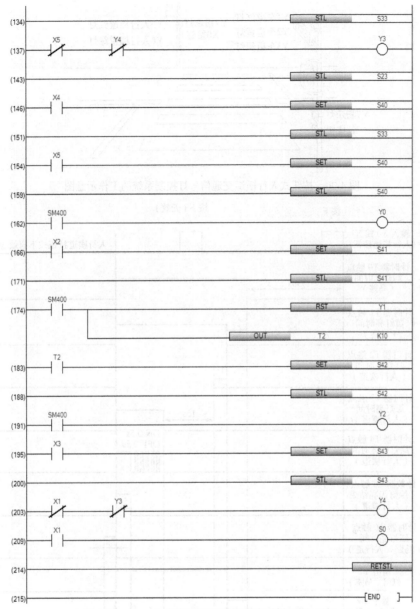

图 4-19 大、小球选择搬运系统的步进梯形图（续）

4.3.3 并行序列控制实例

如图 4-20 所示，按钮式人行横道交通信号灯控制系统采用 PLC 控制。

按钮式人行横道交通信号灯控制系统的控制时序图如图 4-21 所示。

具体控制要求如下：

（1）PLC 由 STOP 切换到 RUN 时，进入初始状态 S0。这时，主干道为绿灯，人行横道为红灯。

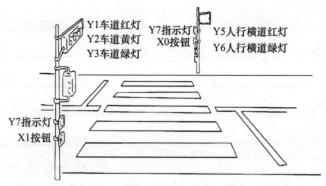

图 4-20　按钮式人行横道交通信号灯控制系统的工作示意图

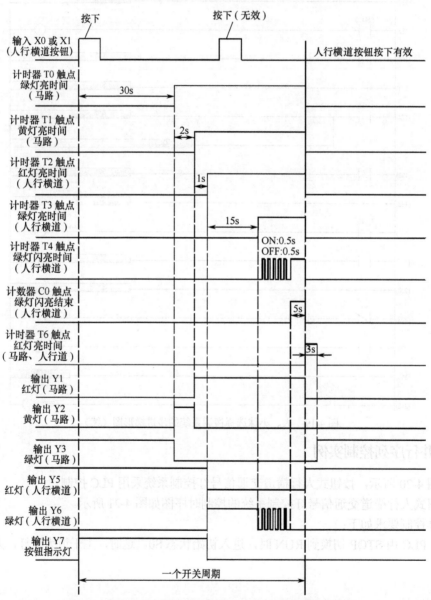

图 4-21　按钮式人行横道交通信号灯控制系统的控制时序图

（2）当按下人行横道的横穿按钮 X0 或 X1 后，主干道仍然为绿灯，人行横道仍然为红灯，即灯的状态不改变。

（3）30s 后，主干道变为黄灯；再过 2s 后，主干道变成红灯。

（4）再过 1s 后，人行横道由红灯变为绿灯。

（5）再过 15s 后，人行横道绿灯闪烁。

（6）闪烁 5s 后，人行横道变为红灯。

（7）再过 3s，恢复为主干道绿灯、人行横道红灯的初始状态。

（8）进入工作周期后，按人行横道的横穿按钮 X0 或 X1 不起作用。

根据控制要求，设计的顺序功能图如图 4-22 所示。

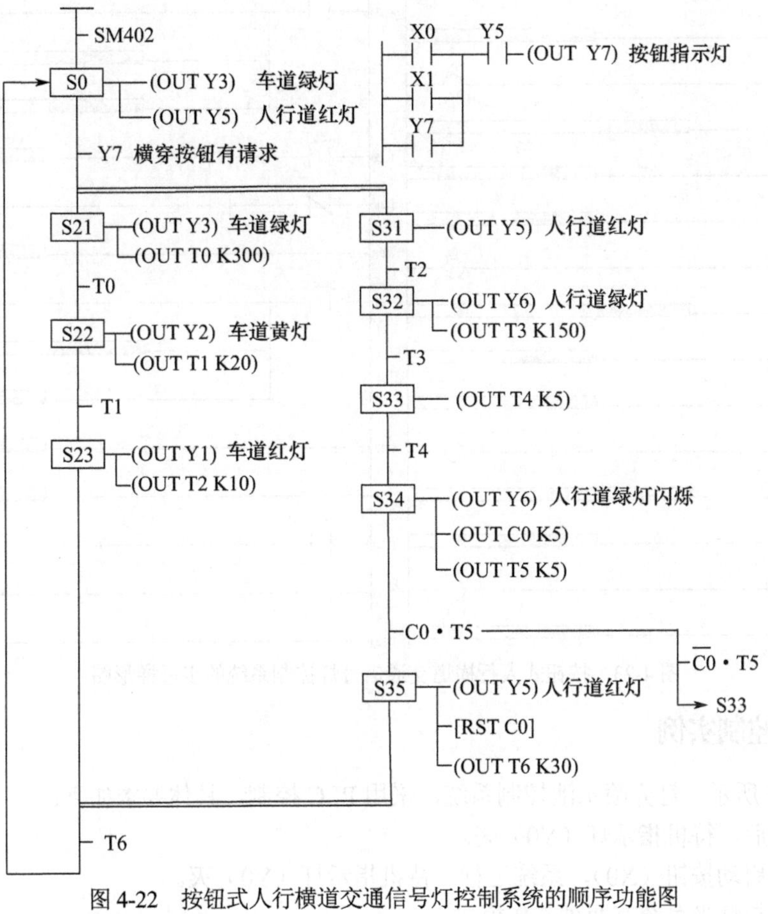

图 4-22　按钮式人行横道交通信号灯控制系统的顺序功能图

对应的步进梯形图如图 4-23 所示。

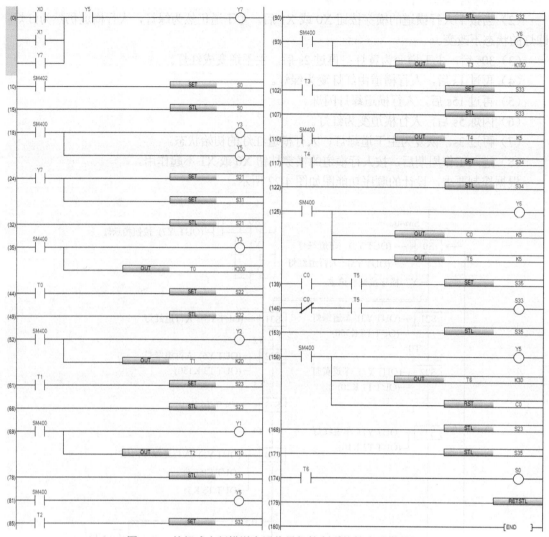

图 4-23　按钮式人行横道交通信号灯控制系统的步进梯形图

4.3.4　综合控制实例

如图 4-24 所示，灯光喷水池控制系统，采用 PLC 控制，具体要求如下：

（1）上电后，待机指示灯（Y0）亮。

（2）按下启动按钮（X0），系统运行，待机指示灯（Y0）灭。

（3）喷泉与灯光系统有两种工作模式。

① 工作模式 A：选择开关 X2=工作模式 A，第 4 层喷水管先喷水，延时 2s；第 3 层喷水管再喷水，延时 2s；第 2 层喷水管再喷水，延时 2s；第 1 层喷水管再喷水，延时 2s；最后所有层喷水管一起喷水 10s。

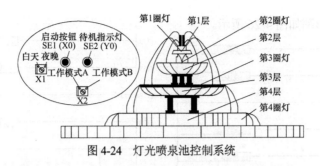

图 4-24 灯光喷泉池控制系统

此时灯光伴随着喷泉有如下变化：第 4 圈灯亮 2s，第 3 圈灯亮 2s，第 2 圈灯亮 2s，第 1 圈灯亮 2s，最后所有灯一起亮 10s。

② 工作模式 B：选择开关 X2=工作模式 B，第 1、3 层喷水管同时喷水，延时 2s；第 2、4 层喷水管同时喷水 2s（此时第 1、3 层喷水管停止喷水）；最后所有层喷水管一起喷水 10s。

此时灯光伴随着喷泉有如下变化：第 1、3 圈灯亮 2s，第 2、4 圈灯亮 2s（此时第 1、3 圈灯熄灭），最后所有灯一起亮 10s。

（4）喷泉与灯光系统有白天和夜晚两种运行模式。

当选择开关 X1＝白天，所有的灯光灭，并按照以上两种喷泉工作模式进行；当选择开关 X1＝夜晚，按照以上两种喷泉与灯光工作模式进行。

运行一周期后返回待机状态。

灯光喷泉池控制系统的顺序功能图如图 4-25 所示。

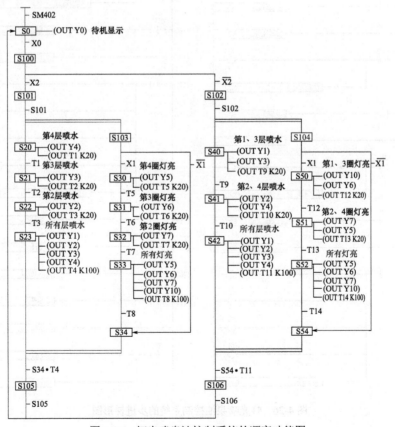

图 4-25　灯光喷泉池控制系统的顺序功能图

对应的步进梯形图如图 4-26 所示。

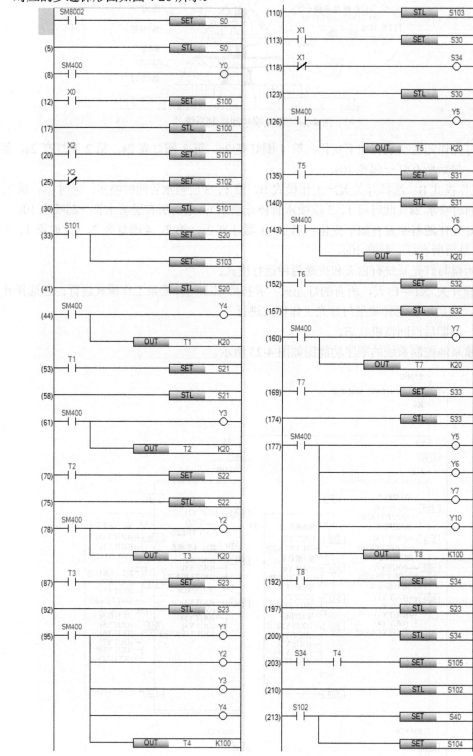

图 4-26　灯光喷泉池控制系统的步进梯形图

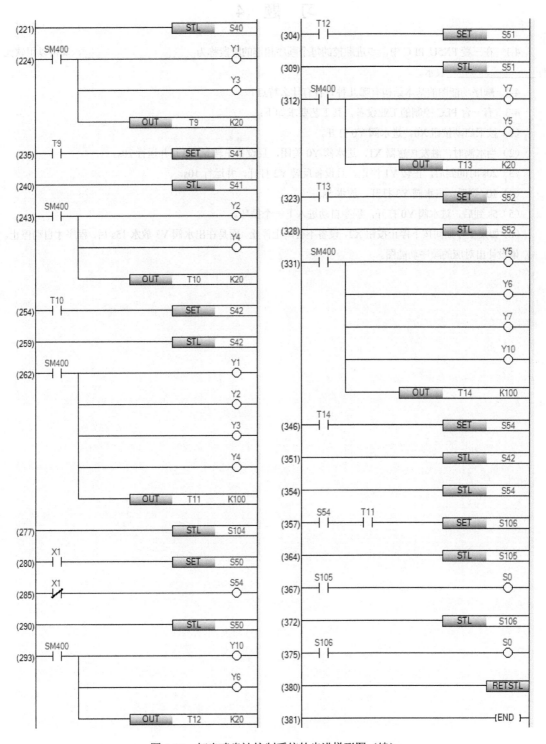

图 4-26 灯光喷泉池控制系统的步进梯形图（续）

习　题　4

4-1　在三菱 FX5U PLC 中，步进顺控的每个顺序相连的阶段称为_____，其可以用软元件_____表示。

4-2　顺序功能图的基本结构有哪几种？各有什么特点？

4-3　有一台 PLC 控制的工业设备，其工艺要求如下：

（1）按下启动按钮 X0，进水阀 Y0 打开。

（2）当水满时，触发传感器 X1，进水阀 Y0 关闭，且设备正转 Y1 打开并运行 20s。

（3）20s 时间到后，正转 Y1 停止，且设备反转 Y2 打开，并运行 10s。

（4）10s 到后，出水阀 Y3 打开，放水 5s。

（5）5s 到后，进水阀 Y0 打开，程序自动进入下一个循环。

（6）如果工作期间按下停止按钮 X2，设备不会马上停止，而是在出水阀 Y3 放水 15s 后，程序才自动停止。

请设计出对应的顺序功能图。

第5章 PLC功能指令

功能指令是PLC指令系统的一个非常重要的组成部分,可以帮助编程人员实现基本逻辑控制以外的许多特殊功能。各PLC厂家为了扩展PLC应用的市场,除了开发硬件新产品,还不断地完善其指令系统。指令系统的发展基本上体现在功能指令的增强上,每一代新产品的推出,都伴随着新功能指令的增加。通过了解并使用功能指令,才能充分发挥PLC的功能,更合理地使用I/O点、扩展网络,解决复杂的控制问题,从而大大减少编程的工作量。PLC功能指令的基本要素主要包括功能指令的表现形式、数据长度、数据格式、指令的执行方式等。

5.1 功能指令概述

5.1.1 功能指令的表示形式

功能指令与基本指令不同,功能指令不含梯形图表达符号间相互关系的成分,而是直接表达指令要做什么,在梯形图中用功能块表示。功能块可以输出多个运算结果,此外,也可以不输出任何信息,如图5-1所示。功能块主要由功能指令名称、输入变量、输出变量等组成。功能指令名称主要用英文名称、缩写助记符或符号表示,标注在点画线方框内;s为输入变量(源);d为输出变量(目标);有无EN/ENO功能(EN为执行条件,ENO为运算结果,数据类型为布尔型)。

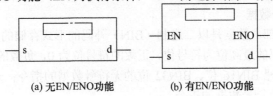

(a) 无EN/ENO功能   (b) 有EN/ENO功能

图5-1　功能指令的表现形式

有的功能指令没有操作数,而大多数功能指令有1~5个操作数。(s)表示源操作数,(d)表示目标操作数,如果使用变址功能,则可表示为(s·)和(d·)。当源操作数或目标操作数不止一个时,用(s1)、(s2)、(d1)、(d2)等表示,如图5-2所示,ADD功能指令使用了2个源操作数和1个目标操作数。用(T)表示其他操作数,常见的有常数K、H等,作为源和目标操作数的补充说明,用$n1$、$n2$等来表示。

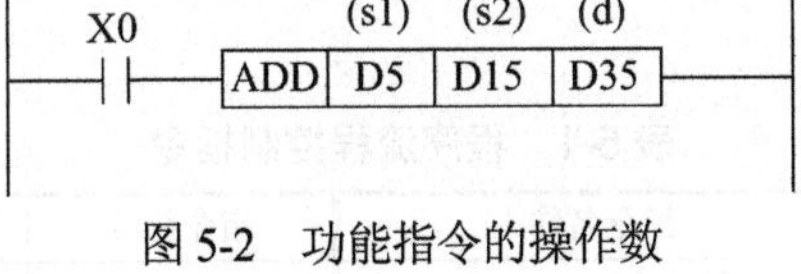

图5-2　功能指令的操作数

5.1.2 功能指令的执行方式

功能指令有脉冲执行和连续执行两种类型。指令助记符后面有"P"标志,则表示脉冲执行,即该指令仅在执行条件接通(由OFF→ON)时执行一次;如果没有"P"标志,则表示连续执行，即在执行条件接通（ON）的每个扫描周期该指令都要被执行。功能指令的执行方式如图 5-3 所示。在连续执行方式下，X0 接通时，这条连续执行指令在每个扫描周期都被重复执行。而在脉冲执行方式下，在扫描到这条指令时，仅当 X0 由 OFF→ON 时执行一次。

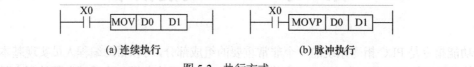

(a) 连续执行　　　　　　　　　　　　(b) 脉冲执行

图 5-3　执行方式

5.1.3　功能指令的数据类型

1. 16 位和 32 位数据

功能指令可处理 16 位数据和 32 位数据。处理 32 位数据的指令是在指令助记符前加"D"标志，无此标志即为处理 16 位数据的指令，如图 5-4 所示。当 X0 接通时，执行 MOV 指令，将 D10 中的数据传送到 D12 中（处理 16 位数据）。而在 32 位数据中，执行 DMOV 指令，将 D20、D21 构成的数据传送到 D22、D23 中（处理 32 位数据）。

处理 32 位数据时，用软元件号相邻的两个软元件组成软元件对（软元件对的首地址用奇数、偶数均可）。32 位计数器 C200～C255 不能用作指令的 16 位操作数。

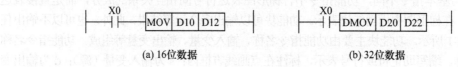

(a) 16位数据　　　　　　　　　　　　(b) 32位数据

图 5-4　数据长度

2. 有符号和无符号数据

在 FX 系列 PLC 内部，数据是以二进制（BIN）补码的形式存储的，所有的四则运算都使用二进制数。二进制补码的最高位为符号位，正数的符号位为 0，负数的符号位为 1。指令助记符后带"(_U)"的是处理 BIN16 位、BIN32 位的无符号数据的指令；未带"(_U)"的是处理 BIN16 位、BIN32 位的有符号数据的指令。

一般来说，功能指令可以分为程序流程控制指令、传送与比较指令、算术与逻辑运算指令、移位与循环移位指令、数据处理指令、高速处理计数器指令、其他指令。

5.2　程序流程控制指令

程序流程控制
指令 MP4

程序流程控制指令主要包括条件跳转指令、子程序调用指令和返回指令、中断返回指令、允许中断指令、禁止中断指令、主程序结束指令、循环开始指令与循环结束指令，见表 5-1。

表 5-1　程序流程控制指令

指令符号	指令名称	指令符号	指令名称
CJ	条件跳转指令	DI	禁止中断指令
CALL	子程序调用指令	FEND	主程序结束指令
SRET	子程序返回指令	FOR	循环开始指令
IRET	中断返回指令	NEXT	循环结束指令
EI	允许中断指令		

5.2.1 条件跳转指令

条件跳转指令为 CJ（Conditional Jump），CJ 指令说明见表 5-2。

表 5-2 CJ 指令说明

指令符号	指令名称	功能	梯形图符号
CJ	条件跳转	跳转到指针(s)所指的位置	⊢⊢ ── CJ (s)

① CJ 指令用于跳过程序的某一部分，以减少扫描时间。

② 在程序中两条跳转指令可以使用相同的标号，但同一程序中指针标号唯一。若出现多于一次，则会出错。指针 P63 表示程序转移到 END 指令执行。

③ 执行 CJ 指令后，对不被执行的指令，即使输入元件状态发生改变，输出元件的状态也维持不变。

④ CJ 指令可转移到主程序的任何地方，或 FEND 指令（主程序结束指令）后的任何地方。该指令可以向前跳转，也可以向后跳转，若执行条件使用 SM8000，则为无条件跳转。

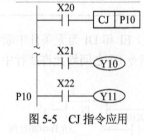

图 5-5　CJ 指令应用

【例 5-1】如图 5-5 所示为 CJ 指令应用的例子，当 X20 为 ON 时，程序跳到标号 P10 处。如果 X20 为 OFF，则跳转不执行，程序按原顺序执行。

5.2.2 子程序指令

子程序指令包括子程序调用指令（CALL，Call）和返回指令（SRET，Subroutine Return）。CALL、SRET 指令说明见表 5-3。

表 5-3　CALL、SRET 指令说明

指令符号	指令名称	功能	梯形图符号
CALL	调用子程序	调用执行子程序	⊢⊢ ── CALL (p)
SRET	子程序返回	从子程序返回运行	── SRET

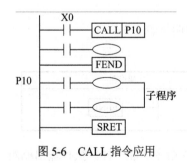

图 5-6　CALL 指令应用

① 子程序应写在主程序之后，即子程序的标号应写在 FEND 指令之后，且子程序必须以 SRET 指令结束。

② 在子程序中可以再次使用 CALL 子程序，形成子程序嵌套。含第一条 CALL 指令在内，子程序的嵌套层数不能大于 5。

【例 5-2】如图 5-6 所示为 CALL 指令应用的例子，当 X0 为 ON 时，CALL P10 指令使程序执行 P10 子程序，在子程序中执行到 SRET 指令后，程序返回到 CALL 指令的下一条指令处执行。若 X0 为 OFF，则程序顺序执行。

5.2.3 中断指令

中断指令包括中断返回指令（IRET，Interrupt Return）、允许中断指令（EI，Enable Interrupt）与禁止中断指令（DI，Disable Interrupt）。IRET、EI、DI 指令说明见表 5-4。

表 5-4   IRET、EI、DI 指令说明

指令符号	指令名称	功能	梯形图
IRET	中断返回	从中断子程序返回	IRET
EI	允许中断	开中断	EI
DI	禁止中断	关中断	DI

① EI 和 DI 为无条件中断指令，执行允许中断指令 EI 后，在其后的程序中直到出现禁止中断指令 DI 之间均允许执行中断服务程序，PLC 一般处在禁止中断状态。

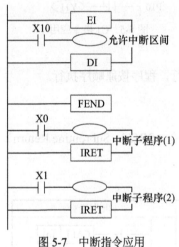

图 5-7   中断指令应用

② 指令 EI～DI 之间的程序段为允许中断区间，而 DI～EI 之间的程序段为禁止中断区间。当程序执行到允许中断区间并且出现中断请求信号时，PLC 停止执行主程序，转而去执行相应的中断子程序，遇到中断返回指令 IRET 时返回断点处继续执行主程序。

③ 当有关的特殊辅助继电器置 1 时，相应的中断子程序不能执行。例如，SM805*（*=0～8）为 1 时，相应的中断子程序 Ixxx（xxx 是与中断有关的数字）不能执行。

④ 一个中断子程序执行时，其他中断被禁止。在中断程序中编写 EI 和 DI 指令时，可实现 2 级中断嵌套。如果多个中断条件同时满足，则中断指针标号较低的有优先权。

【例 5-3】如图 5-7 所示为中断指令应用的例子，当程序执行到允许中断区间时，若 X0 或 X1 为 ON，则执行相应的中断子程序（1）或（2）。中断子程序应写在主程序之后，且必须以 IRET 结束。

5.2.4 主程序结束指令

主程序结束指令为 FEND（Function End）。FEND 指令说明见表 5-5。

表 5-5   FEND 指令说明

指令符号	指令名称	功能	梯形图
FEND	主程序结束	主程序的结束，子程序的开始	FEND

① FEND 指令无驱动条件，执行 FEND 指令和执行 END 指令功能一样。执行输出刷新、输入刷新、监视定时器刷新指令刷新和向 0 步主程序返回。

② 在主程序中，FEND 指令可以多次使用。但 PLC 扫描到任一 FEND 指令，即向 0 步主

程序返回。

③ FEND 指令不能出现在 FOR-NEXT 循环程序中，也不能出现在子程序中，否则程序会出错。

④ 在使用多个 FEND 指令的情况下，应在最后的 FEND 指令与 END 指令之间编写子程序或中断子程序。

【例 5-4】如图 5-8 所示为 FEND 指令应用的例子。若 X10 为 OFF，程序顺序执行，直到执行 FEND 指令返回 0 步主程序；若 X10 为 ON，指令跳转到 P20 处执行，直至遇到 FEND 指令，返回 0 步主程序。

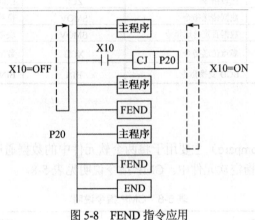

图 5-8　FEND 指令应用

5.2.5　循环指令

循环指令包括循环开始指令（FOR，For）与循环结束指令（NEXT，Next）。FOR、NEXT 指令说明见表 5-6。

表 5-6　FOR、NEXT 指令说明

指令符号	指令名称	功能	梯形图
FOR	循环的起点	表示循环的开始，n 表示执行循环的次数	──┤├──FOR n
NEXT	循环的终点	表示循环的结束	───────NEXT

① FOR 有 1 个操作数 n，操作数可以是 K、H、KnX、KnY、KnM、KnS、T、C、D、V、Z 软元件。Kn 中的 n 为组数（每一组为 4 位），以 4n 个位元件构成一个组合单元。例如，K1X0 代表 X3X2X1X0，K4M10 代表 M25M24…M10。

② FOR-NEXT 之间的程序重复执行 n 次（由操作数指定）后，再执行 NEXT 指令后的程序。循环次数 n 的范围为 1～32767。若 n 的取值范围为-32767～0，循环次数作 1 处理。

③ FOR 与 NEXT 总是成对出现的，且应 FOR 在前、NEXT 在后。FOR-NEXT 循环指令最多可以嵌套 5 层。

④ 利用 CJ 指令可以跳出 FOR-NEXT 循环体。

5.3 传送与比较指令

传送与比较指令

指令 MP4

传送与比较指令主要包括比较指令、区间比较指令、传送指令、移位传送指令、取反传送指令、块传送指令、多点传送指令、数据交换指令、BCD 转换指令、BIN 转换指令等，见表 5-7。

表 5-7　传送与比较指令

指令符号	指令名称	指令符号	指令名称
CMP	比较指令	ZCP	区间比较指令
MOV	数据传送指令	SMOV	位移动指令
CML	数据否定传送指令	BMOV	块数据传送指令
FMOV	多点传送指令	XCH	数据交换指令
BCD	BCD 变换指令	BIN	BIN 变换指令

5.3.1　比较指令

比较指令（CMP，Compare）主要用于将两个软元件中的数据通过常开触点处理进行比较运算，并将比较结果放入指定软元件中。CMP 指令说明见表 5-8。

表 5-8　CMP 指令说明

指令符号	指令名称	功能	梯形图
CMP	比较	比较(s1)与(s2)的大小	—┤├— CMP (s1) (s2) (d)

CMP 指令有 3 个操作数，即 2 个源操作数（(s1)和(s2)）和 1 个目标操作数(d)。源操作数可以是 K、H、KnH、KnY、KnM、KnS、T、C、D、V、Z 软元件，目标操作数可以是 Y、M、S 这 3 个连续软元件。

源操作数有 3 种情况：(s1)<(s2)，(s1)=(s2)，(s1)>(s2)。3 种情况中选择其中之一：(s1)>(s2)→(d)变为 ON；(s1)=(s2)→(d+1)变为 ON；(s1)<(s2)→(d+2)变为 ON。

比较指令不会改变源操作数的内容，且比较操作后的结果具备记忆功能。

【例 5-5】假设存在一组数据，分别存于 D0、D10、D20 中。设计一个程序，找出其中的最大数存放在 D0 中。如图 5-9 所示，SM400 在 CPU 模块运行中始终为 ON。

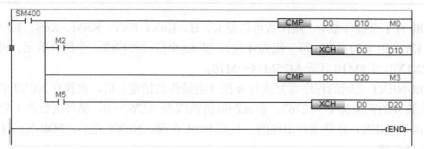

图 5-9　数据大小比较

5.3.2 区间比较指令

区间比较指令（ZCP，Zone Compare）用于将 1 个源操作数(s3)与 2 个源操作数(s1)、(s2)形成的区间比较，其中(s2)不得小于(s1)，结果送到目标操作数(d)中。ZCP 指令说明见表 5-9。

表 5-9 ZCP 指令说明

指令符号	指令名称	功能	梯形图
ZCP	区间比较	把一个数(s3)与两个数组成的区间(s1, s2)比较	⊢ ⊢— ZCP | (s1) | (s2) | (s3) | (d)

ZCP 指令有 4 个操作数，即 3 个源操作数（(s1)、(s2)和(s3)）和 1 个目标操作数(d)。源操作数可以是 K、H、KnH、KnY、KnM、KnS、T、C、D、V、Z 软元件，目标操作数可以是 Y、M、S 这 3 个连续软元件。

源操作数有 3 种情况：(s3)<(s1)，(s1)≤(s3)≤(s2)，(s2)<(s3)。将区间比较的最终结果存入指定的目标操作数中，3 种情况中选择其中之一：(s3)<(s1)→(d)变为 ON；(s1)≤(s3)≤(s2)→(d+1)变为 ON；(s3)>(s2)→(d+2)变为 ON。

通常，(s1)<(s2)。假如(s1)>(s2)，则比较的区间会变成一个点，即(s1)=(s2)。

区间比较不会改变源操作数的内容，且区间比较操作后结果具备记忆功能。

【例 5-6】某温度控制系统如图 5-10（a）所示，温度控制范围为 25～30℃，超出范围灯会闪烁报警。当温度低于 25℃时，黄灯（L1）闪烁；当温度介于 25～30℃时，绿灯（L2）点亮；当温度高于 30℃时，红灯（L3）闪烁。

该温度控制系统的器件及功能表见表 5-10，其梯形图如图 5-10（b）所示。

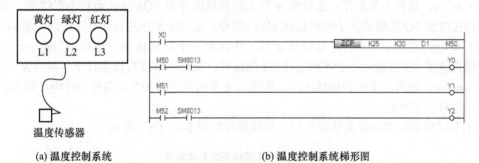

(a) 温度控制系统   (b) 温度控制系统梯形图

图 5-10 温度控制系统及其梯形图

表 5-10 温度控制系统的器件及功能表

器件	PLC 软元件	说明	器件	PLC 软元件	说明
温度传感器	X0	检测当前温度值	L1	Y0	黄灯（温度过低）
			L2	Y1	绿灯（温度正常）
			L3	Y2	红灯（温度过高）

5.3.3 传送指令

传送指令（MOV，Move）用于将源操作数(s)中的数据传送到目标操作数(d)中。MOV 指令说明见表 5-11。

表 5-11 MOV 指令说明

指令符号	指令名称	功能	梯形图
MOV	传送	把一个存储单元的内容传送到另一个存储单元中	⊢⊣ ⊢——[MOV (s) (d)]

MOV 指令有 2 个操作数，即 1 个源操作数(s)和 1 个目标操作数(d)，其中源操作数可以是 K、H、KnX、KnY、KnM、KnS、T、C、D、V、Z 软元件，目标操作数可以是 KnY、KnM、KnS、T、C、D、V、Z 软元件。

传送操作的数据具有记忆功能。

【例 5-7】如图 5-11 所示为 MOV 指令应用的例子。当 X0 为 OFF 时，指令不执行，数据保持不变；当 X0 为 ON 时，源操作数(s)中的数据 K100 传送到目标元件 D10 中。

图 5-11 MOV 指令应用

【例 5-8】传送与比较指令应用案例。某车间有 3 个工作台，送料小车往返于这些工作台之间，在每个工作台上都设置一个到位开关（SQ）和一个呼叫按钮（SB），如图 5-12（a）所示。具体控制要求如下：

送料小车可以停留在 3 个工作台中的任意一个到位开关（SQ）位置处。如果送料小车当前正停于 m 号工作台到位开关 SQm（SQm 为 ON）处，此时 n 号工作台工作人员按下呼叫按钮 SBn（SBn 为 ON），若：

（1）$m>n$，送料小车左行，运行至 n 号工作台到位开关 SQn 处，运料小车停止。即送料小车所停在位置 SQ 的编号大于呼叫按钮 SB 的编号，送料小车往左行运行至呼叫位置后停止。

（2）$m<n$，送料小车右行，运行至 n 号工作台到位开关 SQn 处，运料小车停止。即送料小车所停在位置 SQ 的编号小于呼叫按钮 SB 的编号，送料小车往右行运行至呼叫位置后停止。

（3）$m=n$，送料小车停在原地不动。即送料小车所停位置 SQ 的编号与呼叫按钮 SB 的编号相同，送料小车不动。

该小车运料系统的功能表见表 5-12，其梯形图如图 5-12（b）所示。

表 5-12 小车运料系统的功能表

输入		功能说明	输出		功能说明
SB0	X0	启动	KM1	Y0	左行
SB1	X1	呼叫 1	KM2	Y1	右行
SB2	X2	呼叫 2			
SB3	X3	呼叫 3			
SB4	X4	呼叫 4			
SQ1	X5	限位 1			
SQ2	X6	限位 2			
SQ3	X7	限位 3			

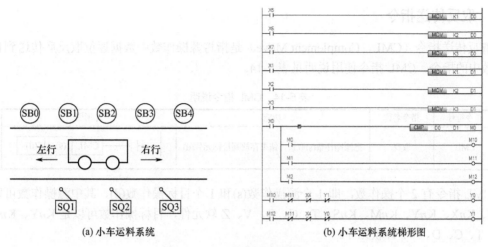

图 5-12 小车运料系统及其梯形图

5.3.4 移位传送指令

移位传送指令 SMOV（SMOV，Shift Move）有 5 个操作数，包含 1 个源操作数(s)、1 个目标操作数(d)和 3 个其他操作数，其中源操作数可以是 K、H、KnX、KnY、KnM、KnS、T、C、D、V、Z 软元件，目标操作数可以是 KnY、KnM、KnS、T、C、D、V、Z 软元件。SMOV 指令说明见表 5-13。

表 5-13 SMOV 指令说明

指令符号	指令名称	功能	梯形图
SMOV	移位传送	把 4 位十进制数中的位传送到另一个 4 位数指定的位置	⊢⊢─── SMOV (s) m1 m2 (d) n

m1 是指源操作数(s)中要移动的数位起始位的位置，$1 \leqslant m1 \leqslant 4$；m2 是指源操作数(s)中要移动的数位移动位置，$1 \leqslant m2 \leqslant 4$；n 是指移入目标操作数(d)中的数位起始位的位置，$1 \leqslant n \leqslant 4$。

【例 5-9】如图 5-13 所示为 SMOV 指令应用的例子。当 X0 为 OFF 时，指令不执行，数据保持不变；当 X0 为 ON 时，将二进制源数据（D1）转换成 BCD 码（D1'），然后将 BCD 码移位传送，实现数据的分配、组合。源数据 BCD 码右起从第 4 位（m1=4）开始的 2 位（m2=2）移送到目标 D2'的第 3 位（n=3）和第 2 位，而 D2'的第 4 位和第 1 位这两位 BCD 码不变。然后，目标 D2'中的 BCD 码自动转换成二进制数，即为 D2 的内容。BCD 码值超过 9999 时出错。

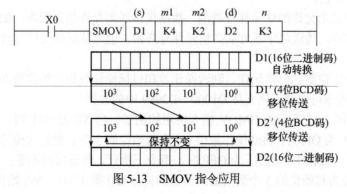

图 5-13 SMOV 指令应用

5.3.5　取反传送指令

取反传送指令（CML，Complement Move）是指将源操作数中数据逐位取反后传送到目标操作数中的指令。CML 指令使用说明见表 5-14。

表 5-14　CML 指令说明

指令符号	指令名称	功能	梯形图
CML	取反	把源操作数(s)取反，结果存放到目标元件(d)	⊣ ⊢――[CML | (s) | (d)]

CML 指令有 2 个操作数，即 1 个源操作数(s)和 1 个目标操作数(d)，其中源操作数可以是 K、H、KnX、KnY、KnM、KnS、T、C、D、V、Z 软元件，目标操作数可以是 KnY、KnM、KnS、T、C、D、V、Z 软元件。

源操作数中为常数 K、H 时，直接取反传送。

源操作数若为 16 位，目标操作数为组合位软元件 4 位，仅低 4 位求反传送。源操作数若为组合位软元件，目标操作数为 16 位，高位补 0 后，低 4 位取反传送。

【例 5-10】如图 5-14 所示为 CML 指令应用的例子。当 X0 为 OFF 时，指令不执行，数据保持不变；当 X0 为 ON 时，源操作数(s)中的数据 D0 仅低 4 位求反传送到组合位软元件 K1Y0 中，组合位数元件 K1Y0 包含 Y0、Y1、Y2、Y3。

```
    X0        (s)   (d)
 ――| |――――[ CML  D0   K1Y0 ]――
```
图 5-14　CML 指令应用

5.3.6　块传送指令

块传送指令（BMOV，Block Move）用于将源操作数指定的软元件开始的 n 个数组成的数据块传送到指定的目标。BMOV 指令说明见表 5-15。

表 5-15　BMOV 指令说明

指令符号	指令名称	功能	梯形图
BMOV	块传送	把指定数据块的内容（以(s)为起始位的 n 个数据）传送到指定的目标（以(d)为起始位的 n 个数据）	⊣ ⊢――[BMOV | (s) | (d) | n]

BMOV 指令有 3 个操作数，包含 1 个源操作数(s)、1 个目标操作数(d)和 1 个操作数 n，其中源操作数和目标操作数均可以是 KnX、KnY、KnM、KnS、T、C、D 软元件，n 可以为 K、H、D 软元件且 $n \leqslant 512$。

如果软元件号超出允许的软元件号范围，数据仅传送到允许的范围内。如果源操作数、目标操作数的类型相同，传送顺序既可从高软元件号开始，也可从低软元件号开始。传送顺序是程序自动确定的。

若用到需要指定位数的位软元件，则源操作数和目标操作数指定的位数必须相同。

利用 BMOV 指令可以读出软元件 D1000～D2999 中的数据。

【例 5-11】如图 5-15 所示为 BMOV 指令应用的例子。当 X0 为 OFF 时，指令不执行，数据保持不变；当 X0 为 ON 时，将源操作数中 D5 为起始位的 3 个数据依次传送到目标操作数中 D10 为起始位的 3 个数据中。当 X1 为 OFF 时，指令不执行，数据保持不变；当 X1 为 ON 时，将源操作数中 D20 为起始位的 3 个数据依次传送到目标操作数中 D15 为起始位的 3 个数据中。

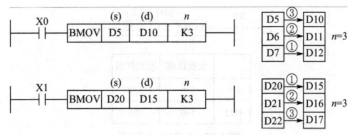

图 5-15　BMOV 指令应用

5.3.7　多点传送指令

多点传送指令（FMOV，Fill Move）用于将源操作数(s)指定的软元件中的数据传送到指定目标操作数(d)开始的 n 个目标软元件中，这 n 个软元件中的数据完全相同。FMOV 指令说明见表 5-16。

表 5-16　FMOV 指令说明

指令符号	指令名称	功能	梯形图
FMOV	多点传送	把指定范围目标软元件填充数据，将(s)中的数据传送至以(d)为起始位的 n 个数据中	⊢⊢　FMOV (s) (d) n

FMOV 指令有 3 个操作数，包含 1 个源操作数(s)、1 个目标操作数(d)和 1 个操作数 n，其中源操作数可以是 KnX、KnY、KnM、KnS、T、C、D、V、Z 软元件，目标操作数可以是 KnY、KnM、KnS、T、C、V、Z 软元件，n 可以为 K、H、D 软元件且 $n \leqslant 512$。如果软元件号超出软元件号范围，数据仅传送到允许范围的软元件中。

【例 5-12】如图 5-16 所示为 FMOV 指令应用的例子。当 X0 为 ON 时，将源操作数中数据 0 送至目标操作数 D100～D119 中。

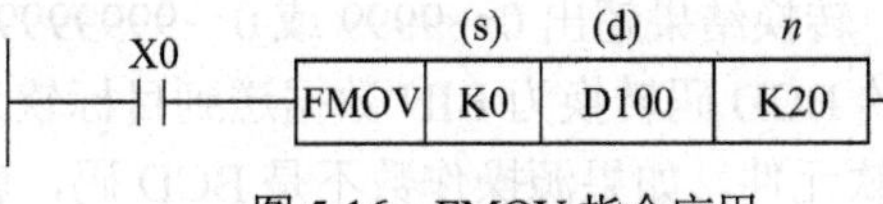

	(s)	(d)	n
X0 ⊢⊢　FMOV	K0	D100	K20

图 5-16　FMOV 指令应用

5.3.8　数据交换指令

数据交换指令（XCH，Exchange）用于将两个目标软元件的内容相互交换。FMOV 指令说明见表 5-17。

表 5-17　XCH 指令说明

指令符号	指令名称	功能	梯形图
XCH	交换	把指定两个单元内容相互交换	⊢⊢　XCHP (d1) (d2)

XCH 指令有两个目标操作数((d1)和(d2))，这两个目标操作数均可以是 KnY、KnM、KnS、T、C、D、Z 软元件。XCH 指令一般情况下应采用脉冲型。

【例 5-13】如图 5-17 所示为 XCH 指令应用的例子。当 X0 为 ON 时，将数据寄存器 D0 中的内容与数据寄存器 D12 中的数据相互交换。

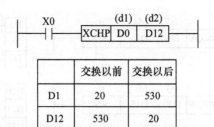

	交换以前	交换以后
D1	20	530
D12	530	20

图 5-17　XCH 指令应用

5.3.9　进制转换指令

进制转换指令包括 BCD 转换指令（BCD，Binary Coded Decimal）、BIN 转换指令（BIN，Binary）。BCD 转换指令是将源操作数(s)中指定软元件中的 BIN 数据转换为 BCD 码并送到目标操作数(d)指定的软元件中。BIN 转换指令是将源操作数(s)中指定软元件的 BCD 码转换为 BIN 数据后送到目标操作数(d)指定的软元件中。BCD、BIN 转换指令说明见表 5-18。

表 5-18　BCD、BIN 转换指令说明

指令符号	指令名称	功能	梯形图
BCD	求 BCD 码	把 BIN 数据转换成 BCD 码	⊣⊢──────BCD (s) (d)
BIN	求 BIN 数据	把 BCD 码转换成 BIN 数据	⊣⊢──────BIN (s) (d)

BCD、BIN 转换指令有 2 个操作数，即 1 个源操作数(s)和 1 个目标操作数(d)，其中源操作数可以是 KnX、KnY、KnM、KnS、T、C、D、V、Z 软元件，目标操作数可以是 KnY、KnM、KnS、T、C、V、Z 软元件。

BCD 转换指令常用于将 PLC 中的 BIN 数据转换成 BCD 码输出，以驱动 LED 显示器。对于 16 位或 32 位二进制操作数，转换结果超出 0～9999 或 0～99999999 的范围就会出错。

BIN 指令是将源软元件中的 BCD 码转换为 BIN 数据送到目标软元件中。常数 K 不能作为本指令的操作软元件。如果源操作数不是 BCD 码，就会出错。

5.4　算术运算与逻辑运算指令

运算与移位指令 MP4

算术运算与逻辑运算指令主要包括二进制数、BCD 码的加、减、乘、除运算指令，BIN 块数据加、减指令，BIN 数据递增、递减指令，数据逻辑运算指令。随着主流编程软件的发展，FX5U PLC 也开始支持直接使用加（+）、减（−）、乘（*）、除（/）运算符号，以方便编程。算术运算与逻辑运算指令见表 5-19。

表 5-19　算术指令与逻辑运算指令

指令符号	指令名称	指令符号	指令名称
ADD	BIN 加法运算	WAND	字逻辑积
SUB	BIN 减法运算	WOR	字逻辑或
MUL	BIN 乘法运算	WXOR	字逻辑异或
DIV	BIN 除法运算	NEG	求补码
INC	数据递增	DEC	数据递减

5.4.1 加/减法指令

加法指令（ADD，Add）用于将指定的源软元件中的二进制数相加，结果送到指定的目标软元件中。减法指令（SUB，Subtract）用于将 2 个源软元件中的二进制数相减，结果送到指定的目标软元件中。ADD 和 SUB 指令说明见表 5-20。

表 5-20　ADD、SUB 指令说明

指令符号	指令名称	功能	梯形图
ADD	加法	把两数相加，结果存放到目标软元件	⊢ ⊢ ──[ADD ｜ (s1) ｜ (s2) ｜ (d)]
SUB	减法	把两数相减，结果存放到目标软元件	⊢ ⊢ ──[SUB ｜ (s1) ｜ (s2) ｜ (d)]

ADD 和 SUB 指令都有 3 个操作数，即 2 个源操作数(s1)和(s2)及 1 个目标操作数(d)，其中源操作数可以取 K、H、KnX、KnY、KnM、KnS、T、C、D、V、Z 软元件，目标操作数可以取 KnY、KnM、KnS、T、C、D、V、Z 软元件。

源操作数和目标操作数都可以用相同的软元件号。

每个数据的最高位作为符号位（0 为正，1 为负），运算是二进制代数运算。

【例 5-14】如图 5-18 所示为 ADD 指令应用的例子。若 X0 为 OFF，该条指令不执行；若 X0 为 ON，将 D10 和 D12 相加，结果放在 D14 中。注意：若 X0 为 ON，每个扫描周期都会执行加法操作，X0 每 ON 一次，就需要执行一次加法操作，此时只需要在 ADD 指令后面加 "P" 即可。

图 5-18　ADD 指令应用

如果运算结果为 0，则零标志 SM8020 置 1；如果运算结果超过 32767（16 位运算）或 2147483647（32 位运算），则进位标志 SM8022 置 1；如果运算结果小于-32768（16 位运算）或-2147483648（32 位运算），则借位标志 SM8021 置 1。在 32 位运算中，被指定的字软元件是低 16 位软元件，下一个软元件为高 16 位软元件。标志的变化情况如图 5-19 所示。

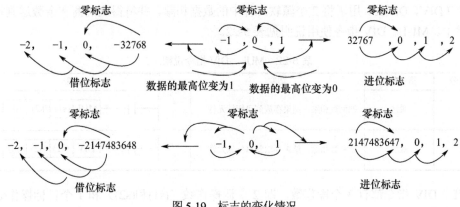

图 5-19　标志的变化情况

【例 5-15】如图 5-20（a）所示为某自动售货机控制系统。该自动售货机可以投入 1 元、5元或者 10 元，当投入的总金额大于等于 3 元时，汽水按钮指示灯亮；当投入的总金额大于等于12 元时，汽水及咖啡按钮指示灯都亮。

该自动售货机控制系统的功能表见表 5-12，其梯形图如图 5-20（b）所示。

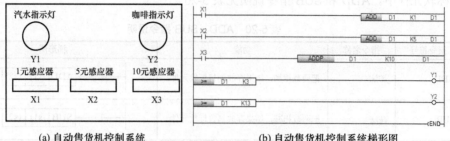

(a) 自动售货机控制系统　　　　　　　　(b) 自动售货机控制系统梯形图

图 5-20　自动售货机控制系统及其梯形图

表 5-21　自动售货机控制系统的功能表

输入		功能说明	输出		功能说明
1 元感应器	X1	检测 1 元信号	绿灯	Y1	汽水指示灯
5 元感应器	X2	检测 5 元信号	红灯	Y2	咖啡指示灯
10 元感应器	X3	检测 10 元信号			

【例 5-16】如图 5-21 所示为 SUB 指令的应用例子。若 X0 为 OFF，该条指令不执行；若X0 为 ON，将 D10 与 D12 相减的结果放在 D14 中。

每个标志的功能、32 位运算的软元件指定方法、连续执行和脉冲执行的区别等均与加法指令相同。

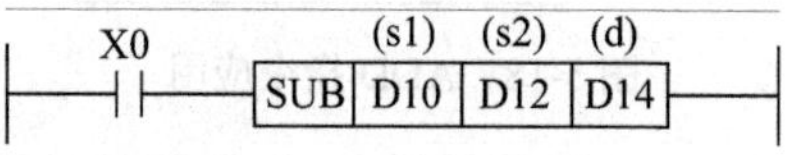

```
      X0            (s1) (s2) (d)
    ──┤├──────────SUB│D10│D12│D14│
```

图 5-21　减法指令应用

5.4.2　乘/除法指令

乘法指令（MUL，Multiply）用于将 2 个源软元件中的数据的乘积送到指定目标软元件中。除法指令（DIV，Divide）用于将 2 个源软元件中的数据相除，并将得到的商和余数送到指定目标软元件中。MUL、DIV 指令使用说明见表 5-22。

表 5-22　MUL、DIV 指令说明

指令符号	指令名称	功能	梯形图
MUL	乘法	把两数相乘，结果存放到目标软元件	──┤├────MUL│(s1)│(s2)│(d)│
DIV	除法	把两数相除，结果存放到目标软元件	──┤├────DIV│(s1)│(s2)│(d)│

MUL、DIV 指令都有 3 个操作数，即 2 个源操作数（(s1)和(s2)）和 1 个目标操作数(d)，其中源操作数可以是 K、H、KnX、KnY、KnM、KnS、T、C、D、V、Z 软元件，目标操作数

可以是 KnY、KnM、KnS、T、C、D、V、Z 软元件。

如果为 16 位乘法,则乘积为 32 位;如果为 32 位数乘法,则乘积为 64 位,其中最高位为符号位。如果目标软元件用位软元件指定,则只能得到指定范围内的乘积。

DIV 指令可以进行 16 位和 32 位除法,得到商和余数,并将结果送到指定目标软元件中。若指定位软元件为目标软元件,则不能得到余数。对于 16 位乘、除法,V 不能用于目标操作数(d)。对于 32 位运算,V 和 Z 不能用于目标操作数(d)。

【例 5-17】如图 5-22 所示为 MUL 与 DMUL 指令的应用例子。若 X0 为 OFF,该条指令不执行;若 X0 为 ON,将 D0 和 D2 中的 16 位数据相乘,结果放在 D4、D5 中。若 X1 为 OFF,同样指令不执行;若 X1 为 ON,将 D0 和 D1 中的 32 位数据与 D2 和 D3 中的 32 位数据相乘,结果放在 D4、D5、D6 和 D7 中。

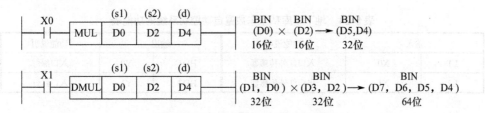

图 5-22 MUL 和 DMUL 指令应用

【例 5-18】如图 5-23 所示为 DIV 与 DDIV 指令的应用例子。若 X0 为 OFF,该条指令不执行;若 X0 为 ON,将 D0 和 D2 中的 16 位数据相除,商放在 D4 中,余数放在 D5 中。若 X1 为 OFF,同样指令不执行;若 X1 为 ON,将 D0 和 D1 中的 32 位数据与 D2 和 D3 中的 32 位数据相除,商放在 D4、D5 中,余数放在 D6、D7 中。

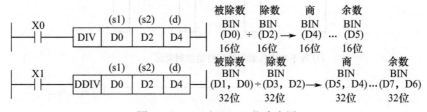

图 5-23 DIV 和 DDIV 指令应用

5.4.3 加/减 1 指令

加 1 指令(INC,Increment)用于将目标软元件的当前值加 1。减 1 指令(DEC,Decrement)用于将目标软元件的当前值减 1。INC、DEC 指令说明见表 5-23。

表 5-23 INC、DEC 指令说明

指令符号	指令名称	功能	梯形图
INC	加 1	把目标软元件当前值加 1	⊢ ⊢──── INC (d)
DEC	减 1	把目标软元件当前值减 1	⊢ ⊢──── DEC (d)

INC、DEC 指令只有 1 个目标操作数(d),且不影响零标志、借位标志和进位标志,目标操作数可以为 KnY、KnM、KnS、T、C、D、V、Z 软元件。

INC、DEC 指令一般情况下应采用脉冲指令，如果不用脉冲指令，每个扫描周期都要加 1 或减 1。

在 16 位运算中，32767 再加 1 就变成了-32768；在 32 位运算中，2147483647 再加 1 就变成了-2147183648。

【例 5-19】如图 5-24（a）所示为某地下车库私家车数量自动控制系统。该地下车库最多只允许停放 100 辆私家车，在入口处、出口处分别安装一个红外传感器以记录进出私家车的数量，当私家车数量达到 100 辆时，会在入口处亮起红灯，表示地下车库私家车数量已满，禁止车辆进入。如果车辆离开地下车库待下一辆车进入，在入口处会亮起绿灯，表示车库尚有停车位，允许车辆进入。

该地下车库私家车数量自动控制系统的功能表见表 5-24，其梯形图如图 5-24（b）所示。

表 5-24   地下车库私家车数量自动控制系统的功能表

输入		功能说明	输出		功能说明
L1	X0	入口红外传感器	HD1	Y0	入口绿灯
L2	X1	出口红外传感器	HD2	Y1	入口红灯

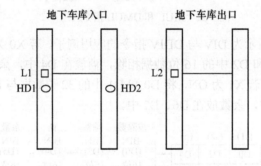

(a) 地下车库私家车数量自动控制系统

(b) 地下车库私家车数量自动控制系统梯形图

图 5-24   地下车库私家车数量自动控制系统及其梯形图

5.4.4 逻辑运算指令

逻辑运算指令包括字逻辑与（WAND，Word And）、字逻辑或（WOR，Word or）、字逻辑异或（WXOR，Word exclusive or）和求补（NEG，Negate）指令等。逻辑运算指令说明见表 5-25。

表 5-25　逻辑运算指令说明

指令符号	指令名称	功能	梯形图
WAND	字逻辑与	把两个源操作数相与，结果存放到目标软元件	⊢⊢ WAND (s1) (s2) (d)
WOR	字逻辑或	把两个源操作数相或，结果存放到目标软元件	⊢⊢ WOR (s1) (s2) (d)
WXOR	字逻辑异或	把两个源操作数相异或，结果存放到目标软元件	⊢⊢ WXOR (s1) (s2) (d)
NEG	求补码	求目标软元件内容的补码	⊢⊢ NEG (d)

WAND、WOR、WXOR 指令都有 3 个操作数，即 2 个源操作数（(s1)和(s2)）和 1 个目标操作数(d)，源操作数可以选择 K、H、KnX、KnY、KnM、KnS、T、C、D、V、Z 软元件，目标操作数可以为 KnY、KnM、KnS、T、C、D、V、Z 软元件。

NEG 指令只有 1 个目标操作数(d)，目标操作数可以选择 KnY、KnM、KnS、T、C、D、V、Z 软元件。NEG 指令一般情况下应采用脉冲指令，如果不用脉冲指令，每个扫描周期都要对目标操作数指定的数求补。

这些指令以位（bit）为单位进行相应的运算，见表 5-26。

表 5-26　逻辑运算关系表

与			或			异或		
M=A×B			M=A+B			M=A⊕B		
A	B	M	A	B	M	A	B	M
0	0	0	0	0	0	0	0	0
0	1	0	0	1	1	0	1	1
1	0	0	1	0	1	1	0	1
1	1	1	1	1	1	1	1	0

XOR 指令与求反指令 CML 组合使用可以实现逻辑异或非运算。

字逻辑运算指令应用的例子如图 5-25 所示。

NEG 指令只有目标操作数(d)，其指定的数的每一位取反后再加 1，结果存于同一软元件，求补实际上是绝对值不变的变号操作。

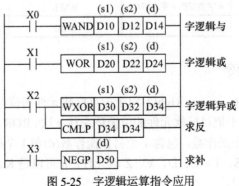

图 5-25　字逻辑运算指令应用

【例5-20】已知存在3个寄存器D10、D20、D30，其中D10=1，D20=101。求：(1) WAND D10 D20 D30 的值；(2) WOR D10 D20 D30 的值；(3) WXOR D10 D20 D30 的值。

【答】(1) 因为D10=1 (0000 0000 0000 0001)，D20=101 (0000 0000 0110 0101)，如图5-26所示，得

$$D30=1（0000\ 0000\ 0000\ 0001）$$

(2) 因为D10=1 (0000 0000 0000 0001)，D20=101 (0000 0000 0110 0101)，如图5-27所示，得

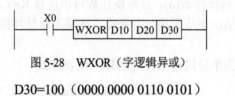

图5-26 WAND（字逻辑与） 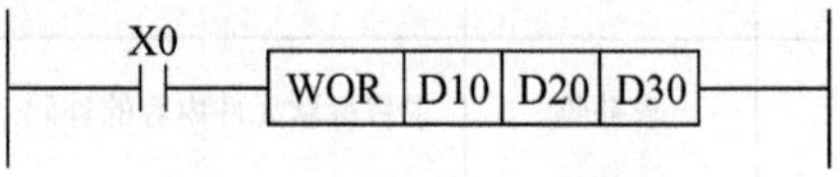   图5-27 WOR（字逻辑或）

$$D30=101（0000\ 00000110\ 0101）$$

(3) 因为D10=1 (0000 0000 0000 0001)，D20=101 (0000 0000 0110 0101)，如图5-28所示，得

图5-28 WXOR（字逻辑异或）

$$D30=100（0000\ 0000\ 0110\ 0101）$$

5.5 移位与循环移位指令

移位与循环移位指令主要包括 n 位右移、左移循环移位，带进位循环右移、左移，n 位数据的 n 位右移、左移，n 字数据的 n 字右移、左移，数据读取，数据写入等。移位与循环移位指令见表5-27所示。

表5-27 移位与循环移位指令总表

指令符号	指令名称	指令符号	指令名称
ROR	n 位右循环移位	ROL	n 位左循环移位
RCR	带进位循环右移	RCL	带进位循环左移
SFTR	n 位数据的 n 位右移位	SFTL	n 位数据的 n 位左移位
WSFR	n 字数据的 n 字右移位	WSFL	n 字数据的 n 字左移位
SFWR	数据写入	SFRD	数据读取

5.5.1 左/右循环移位指令

右循环移位指令（ROR，Rotate Right）用于把目标软元件的位循环右移 n 次。左循环移位指令（ROL，Rotate Left）用于把目标软元件的位循环左移 n 次。ROR、ROL指令说明见表5-28。

ROR、ROL指令有2个操作数，包含1个目标操作数(d)和1个操作数 n，其中目标操作数可以选择KnY、KnM、KnS、T、C、D、V、Z软元件；n 可以是K、H软元件。16位操作时，$n \leqslant 16$；32位操作时，$n \leqslant 32$。

表 5-28 ROR、ROL 指令说明

指令符号	指令名称	功能	梯形图
ROR	循环右移	把目标软元件的位循环右移 n 次	─┤├──── ROR (d) n
ROL	循环左移	把目标软元件的位循环左移 n 次	─┤├──── ROL (d) n

若在目标软元件中指定位软元件的位数，则只能用 K4（16 位指令）和 K8（32 位指令），如 K4Y0、K8M10 等。

ROR、ROL 指令一般情况下应采用脉冲指令，如果不使用脉冲指令，则每个扫描周期都要循环移位 1 位。

【例 5-21】如图 5-29 所示为 ROR 指令应用的例子，当 X1 由 OFF 变为 ON 时，各位数据向右循环移位 4（$n=4$）次，最后一次从目标软元件中移出的状态存于进位标志 SM8022 中。

【例 5-22】如图 5-30 所示为 ROL 指令应用的例子，当 X1 由 OFF 变为 ON 时，各位数据向左循环移位 4（$n=4$）次，最后一次从目标软元件中移出的状态存于进位标志 SM8022 中。

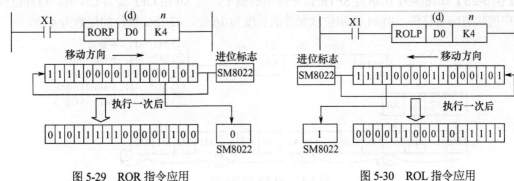

图 5-29　ROR 指令应用　　　　图 5-30　ROL 指令应用

5.5.2 带进位循环左/右移指令

带进位循环右移指令（RCR，Rotate Right Through Carry）用于把目标软元件的位和进位一起右移 n 位。带进位循环左移指令（RCL，Rotate Left Through Carry）用于把目标软元件的位和进位一起左移 n 位。RCR、RCL 指令说明见表 5-29。

表 5-29　RCR、RCL 指令说明

指令符号	指令名称	功能	梯形图
RCR	带进位右移	把目标软元件的位和进位一起右移 n 位	─┤├──── RCR (d) n
RCL	带进位左移	把目标软元件的位和进位一起左移 n 位	─┤├──── RCL (d) n

执行 RCR、RCL 指令时，各位的数据与进位标志 SM8022 一起（16 位指令时共 17 位）向右（或向左）循环移动 n 位。在循环中移出的位送入进位标志，后者又被送回目标软元件的另一端。

5.5.3 位左/右移指令

位右移指令（SFTR，Shift Right），将指定目标软元件开始的 $n1$ 位数据向右移动 $n2$ 位。位左移指令（SFTL，Shift Left），将指定目标软元件开始的 $n1$ 位数据向左移动 $n2$ 位。SFTR、SFTL 指令说明见表 5-30。

表 5-30　SFTR、SFTL 指令说明

指令符号	指令名称	功能	梯形图
SFTR	位右移	将指定目标软元件开始的 $n1$ 位数据向右移动 $n2$ 位	⊢├┤─[SFTR │ (s) │ (d) │ $n1$ │ $n2$]
SFTL	位左移	将指定目标软元件开始的 $n1$ 位数据向左移动 $n2$ 位	⊢├┤─[SFTL │ (s) │ (d) │ $n1$ │ $n2$]

SFTR、SFTL 指令有 4 个操作数，包含 1 个源操作数(s)、1 个目标操作数(d)和 2 个其他操作数，源操作数可以是 X、Y、M、S 软元件，目标操作数可以是 Y、M、S 软元件。$n1$ 指定位软元件的长度，$n2$ 指定移位的位数，$n2 < n1 < 1024$。

【例 5-23】如图 5-31 所示为 SFTR 指令应用的例子，当 X0 由 OFF 变为 ON 时，目标位软元件中的状态向右移位，由 $n1$ 指定位软元件的长度为 16 位，$n2$ 指定移位的位数为 4 位。

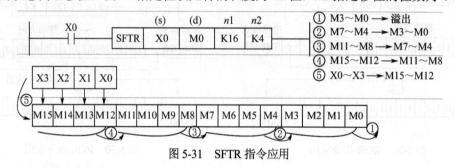

图 5-31　SFTR 指令应用

5.5.4 字左/右移指令

n 字数据右移指令（WSFR，Word Shift Right），将(d)中指定的软元件开始 $n1$ 字数据向右移位 $n2$ 字。n 字数据左移指令（WSFL，Word Shift Left），将(d)中指定的软元件开始 $n1$ 字数据向左移位 $n2$ 字。WSFR、WSFL 指令说明见表 5-31。

表 5-31　WSFR、WSFL 指令说明

指令符号	指令名称	功能	梯形图
WSFR	n 字数据右移指令	将(d)中指定的软元件开始 $n1$ 字数据向右移位 $n2$ 字	⊢├┤─[WSFR │ (s) │ (d) │ $n1$ │ $n2$]
WSFL	n 字数据左移指令	将(d)中指定的软元件开始 $n1$ 字数据向左移位 $n2$ 字	⊢├┤─[WSFL │ (s) │ (d) │ $n1$ │ $n2$]

WSFR、WSFL 指令有 4 个操作数，包含 1 个源操作数(s)、1 个目标操作数(d) 和 2 个其他操作数，其中源操作数可以是 KnX、KnY、KnM、KnS、T、C、D 软元件，目标操作数可以是 KnY、KnM、KnS、T、C、D 软元件，$n2 \leqslant n1 \leqslant 512$。

WSFR、WSFL 指令使字软元件中的数据移位，$n1$ 为字软元件的长度，$n2$ 为移位的字数。若源操作数和目标操作数指定位软元件，其位数应相同。

【例 5-24】 如图 5-32 所示为 WSFR 指令应用的例子，当 X0 由 OFF 变为 ON 时，将 D10 为首址的 16 位字软元件组合向右移动 4 位，其高位由 4 位字软元件组合 D0 移入，移出的 4 个低位被舍弃，而字软元件组合 D0 保持不变。

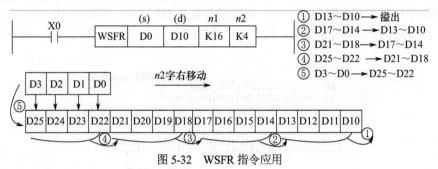

图 5-32　WSFR 指令应用

5.5.5　写入/读出指令

数据表数据写入指令（SFWR，Shift Register Write）、读出指令（SFRD，Shift Register Read）说明见表 5-32。

表 5-32　SFWR、SFRD 指令说明

指令符号	指令名称	功能	梯形图
SFWR	数据表数据写入	先入先出控制的数据写入	⊣├─ SFWR (s) (d) n
SFRD	数据表数据读取	先入先出控制的数据读取	⊣├─ SFRD (s) (d) n

数据表数据写入指令（SFWR）有 3 个操作数，包含 1 个源操作数(s)、1 个目标操作数(d) 和 1 个操作数 n，其中源操作数可以是 K、H、KnX、KnY、KnM、KnS、T、C、D、V、Z 软元件，目标操作数可以是 KnY、KnM、KnS、T、C、D 软元件。当驱动条件成立时，将(s)中所存储的当前值依次写入以(d+1)开始、长度为 n 的数据寄存器组成的数据库，每次写入一个数据到数据库中，指针(d)自动加 1。

读出指令（SFRD）有 3 个操作数，包含 1 个源操作数(s)和 1 个目标操作数(d)，其中源操作数可以是 KnY、KnM、KnS、T、C、D 软元件，目标操作数可以是 KnY、KnM、KnS、T、C、D、V、Z 软元件。当驱动条件成立时，在长度为 n 的数据寄存器区中，把以(s+1)开始的数据寄存器中的数据依次传送到(d)中。每读出一个数据，整个数据寄存器中的数据都依次向(s+1)寄存器移动 1 位，而(s+n-1)寄存器数据保持不变，且指针(s)减 1。

SFWR、SFRD 指令一般情况下应采用脉冲指令。

【例 5-25】 如图 5-33 所示为 SFWR 指令应用的例子。当 X0 首次由 OFF 变为 ON 时，D0 中的数据写入 D2，而 D1 作为指针变为 1（指针 D1 必须先清 0）；当 X0 再次变为 ON 时，D0 中的数据写入 D3，D1 中的数据加 1 变为 2。其余类推，依次写入寄存器。显然，数据从最右边的寄存器开始依次写入，写入的次数放在 D1 中，当 D1 的内容达到 n-1 后，上述操作不再执行，

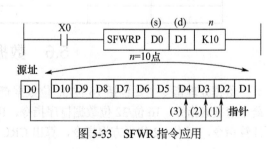

图 5-33　SFWR 指令应用

进位标志 SM8022 置 1。

【例 5-26】如图 5-34 所示为 SFRD 指令应用的例子。当 X0 首次由 OFF 变为 ON 时，SFRD 将 D2 中的数据读出到 D20，而 D1 作为指针减 1，D10 到 D3 的数据右移一字。若用连续指令 SFRD，则每个扫描周期数据右移一字，而数据总是从 D2 读出。当指针 D1 为 0 时，上述操作不再执行，零标志 SM8020 置 1。先入先出（FIFO）控制常用于产品入库、顺序从库内取出产品。

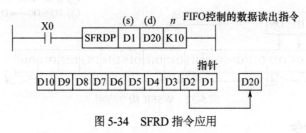

图 5-34　SFRD 指令应用

【例 5-27】循环小灯控制系统如图 5-35（a）所示。在实验台上有 3 盏不同颜色的灯：红灯 Y0、绿灯 Y1 和黄灯 Y2，要求当按下按钮 SB0 时，先从红灯开始，按照红灯→绿灯→黄灯的顺序轮流点亮 3s，然后 3 盏灯同时点亮 3s，如此反复循环下去。当按下停止按钮 SB1 时，3 盏灯停止循环。

循环小灯控制系统的功能表见表 5-33，其梯形图如图 5-35（b）所示。图中的 K1Y0 表示为 Y0、Y1、Y2。

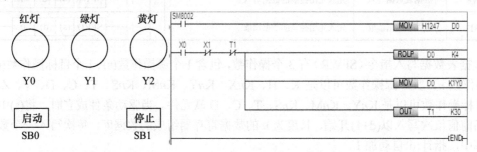

(a) 循环小灯控制系统　　　　　　　　　　　　　(b) 循环小灯控制系统梯形图

图 5-35　循环小灯控制系统及其梯形图

表 5-33　循环小灯控制系统的功能表

输入		功能说明	输出		功能说明
SB0	X0	启动	红灯	Y0	红灯
SB1	X1	停止	绿灯	Y1	绿灯
			黄灯	Y2	黄灯

5.6　数据处理指令

数据处理指令主要包括 16 位/32 位数据查找、检查、位判定指令，16 位/32 位数据最大值、最小值搜索指令，16 位/32 位数据排序指令，16 位/32 合计值计算指令，16 位/32 位数据平均值计算指令，16 位/32 位平方根指令，算出 CRC 指令等。数据处理指令见表 5-34。

表 5-34 数据处理指令

指令符号	指令名称	指令符号	指令名称
ZRST	区间复位	SUM	数据位检查
BON	数据的位判定	DECO	译码指令
ENCO	编码	ENCO	编码
ANR	报警置位	ANS	报警复位
MEAN(_U)	数据平均值计算	SQRT	算出平方根
INT2FLT	带符号16位单精度实数转换	UINT2FLT	无符号16位单精度实数转换

5.6.1 区间复位指令

区间复位指令（ZRST，Zone Reset）用于将目标操作数(d1)、(d2)的软元件复位，其中(d1)和(d2)指定的应为同类软元件。ZRST 指令说明见表 5-35。

表 5-35 ZRST 指令说明

指令符号	指令名称	功能	梯形图
ZRST	区间复位	把指定范围（(d1)到(d2)之间）同一类型软元件复位	⊣├── ZRST (d1) (d2)

ZRST 指令有 2 个目标操作数（(d1)和(d2)），且目标操作数可以是 Y、M、S、T、C、D 软元件。

(d1)指定的软元件号应小于或等于(d2)指定的软元件号。若(d1)指定的软元件号大于(d2)指定的软元件号，则只有(d1)指定的软元件被复位。

(d1)和(d2)也可以同时指定 32 位计数器。

【例 5-28】如图 5-36 所示为 ZRST 指令应用的例子，将辅助继电器 M500~M599 及计数器 C235~C255 复位。

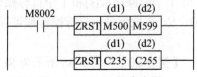

图 5-36 ZRST 指令应用

5.6.2 编/解码指令

编码指令（ENCO，Encode）和解码指令（DECO，Decode）都有 3 个操作数，包含 1 个源操作数(s)、1 个目标操作数(d) 和 1 个操作数 n，其中源操作数可以是 K、H、X、Y、M、S、T、C、D、V、Z 软元件，目标操作数可以是 Y、M、S、T、C、D 软元件。

DECO 指令中，目标软元件的每一位都受控。当(d)指定的目标软元件是 T、C、D 时，应使 $n \leq 4$；当(d)指定的目标软元件是 Y、M、S 时，应使 $n \leq 8$。对于 ENCO 指令，当(s)指定的软元件是 T、C、D、V、Z 时，应使 $n \leq 4$；若(s)指定软元件中为 1 的位不止一个时，则只有最高位的 1 有效；若(s)指定软元件中的所有位均为 0，则出错。DECO、ENCO 指令说明见表 5-36。

表 5-36 DECO、ENCO 指令说明

指令符号	指令名称	功能	梯形图
DECO	解码	对(s)中指定的软元件的低 n 位进行解码,将结果存储到(d)中指定的软元件开始的 2^n 位中	⊣⊢ DECO (s) (d) n
ENCO	编码	对(s)开始的 2^n 位的数据进行编码,并存储到(d)中	⊣⊢ ENCO (s) (d) n

【例 5-29】如图 5-37 所示为 DECO 指令应用的例子,若源操作数 X2X1X0＝011,则 M10 以下第 3 个元件 M13 被置 1;若 X2X1X0＝000,则 M10（第 0 个元件）被置 1。

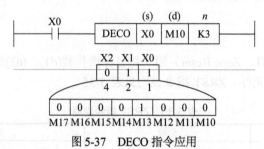

图 5-37 DECO 指令应用

5.6.3 置 1 位数总和指令

置 1 位数总和指令（SUM,Sum）用于将源操作数(s)指定软元件的二进制数中为 1 的位数总和存储到目标操作数(d)指定的软元件中。SUM 指令说明见表 5-37。

表 5-37 SUM 指令说明

指令符号	指令名称	功能	梯形图
SUM	置 1 位数总和指令	统计源操作数置 ON 的个数,并存放到目标软元件中	⊣⊢ SUM (s) (d)

SUM 指令有 2 个操作数,即 1 个源操作数(s)和 1 个目标操作数(d),其中源操作数可以是 K、H、X、Y、M、S、T、C、D、V、Z 软元件,目标操作数可以是 KnY、KnM、KnS、T、C、D、V、Z 软元件。

图 5-38 SUM 指令应用

【例 5-30】如图 5-38 所示为 SUM 指令应用的例子。当 X0 变为 ON 时,若 D0 中没有 1,则零标志 SM8020 置 1。若使用 32 位操作数,则将 D1 和 D0 中 1 的总数存入 D2、D3 中。

5.6.4 置 1 判别指令

置 1 判别指令（BON,Binary On）用于检查源操作数(s)中指定的软元件的二进制数 n 位的状态为 ON 还是 OFF,并将结果输出到目标操作数(d)指定的软元件中。BON 指令说明见表 5-38。

表 5-38 BON 指令说明

指令符号	指令名称	功能	梯形图
BON	查询指定位状态	用位标志指示指定位状态	⊣⊢ BON (s) (d) n

【例5-31】如图5-39所示为BON指令应用的例子。若X0变为ON，若源操作数中数据寄存器D10中的第15位为1，则将相应目标位软元件M0变为ON；若源操作数中数据寄存器D10中的第15位为0，则将相应目标位软元件M0变为OFF，即使X0变为OFF，M0亦保持不变。

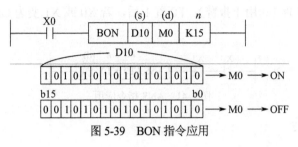

图5-39 BON指令应用

5.6.5 平均值指令

平均值指令（MEAN，Mean）用于对源操作数(s)中指定的软元件开始的 n 点的平均值进行计算，将计算结果存储到目标操作数(d)中。MEAN指令说明见表5-39。

表5-39 MEAN指令说明

指令符号	指令名称	功能	梯形图
MEAN	求平均值	计算指定范围源操作数的平均值	─┤├─ ─MEAN─ (s) (d) n

MEAN指令有3个操作数，包含1个源操作数(s)、1个目标操作数(d) 和1个操作数 n，其中源操作数可以是KnX、KnY、KnM、KnS、T、C、D软元件，目标操作数可以是KnX、KnY、KnM、KnS、T、C、D软元件，n 表示参与求平均值数据的个数。

平均值指 n 个源操作数的代数和被 n 所除得到的商，余数略去。若软元件超出指定的范围，n 值会自动缩小，计算出允许范围内数据的平均值。

【例5-32】如图5-40所示为MEAN指令应用的例子。当X1变为ON时，求D0为首址的3个数据（D0、D1、D2）的算术平均值，并存放至目标操作数指定的数据寄存器D10中。

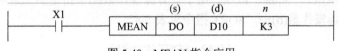

图5-40 MEAN指令应用

5.6.6 报警置位指令

报警置位指令（ANS，Sets Annunciator）用于指令时间在判断时间[$n \times 100ms$，定时器(s)]以上持续ON时，设置目标操作数(d)。指令时间在判断时间（$n \times 100ms$）以下变为OFF的情况下，用定时器(s)的当前值复位，不设置目标操作数(d)。ANS指令说明见表5-40。

表5-40 ANS指令说明

指令符号	指令名称	功能	梯形图
ANS	报警器置位	启动时，时间到了则把目标软元件置为ON	─┤├─ ─ANS─ (s) n (d)

ANS 指令有 3 个操作数，包含 1 个源操作数(s)、1 个目标操作数(d) 和 1 个操作数 n。其中，源操作数(s)为故障发生判断时间的定时器编号，为 T0~T199；n 为定时器的定时设定值或其存储字软元件的地址，$n=1$~32767（单位 100ms）；(d)为设定的信号报警软元件，为 F0~F127。

【例 5-33】如图 5-41 所示为 ANS 指令应用的例子。若 X0 和 X1 同时为 ON 并超过定时器 T0 的定时时间 1s，F0 置 1（用于报警）；F0 置 1 后，若 X0 或 X1 变为 OFF，则定时器复位，而 F0 保持为 1。

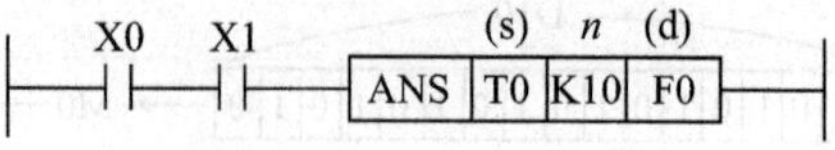

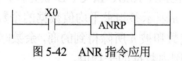

图 5-41 ANS 指令应用

5.6.7 报警复位指令

当驱动条件成立，F0~F127 被置 1 的报警器复位。

若一个以上报警器被置 1，则软元件编号最低的那个报警器先被复位。若使用连续报警复位指令（ANR，Resets Annunciator），则按扫描周期依次将报警器复位。ANR 指令说明见表 5-41。

表 5-41 ANR 指令说明

指令符号	指令名称	功能	梯形图
ANR	报警器复位	把激活的报警器复位	┤├──────ANRP

【例 5-34】如图 5-42 所示为 ANR 指令应用的例子，当 X0 变为 ON 时，F0~F127 之间被置 1 的报警器复位。

X0
┤├──────ANRP

图 5-42 ANR 指令应用

5.6.8 平方根指令

平方根指令（SQRT，Square Root）用于计算源操作数(s)中指定的二进制数的平方根，将计算结果存储到目标操作数(d)中。SQRT 指令见表 5-42。

表 5-42 SQRT 指令说明

指令符号	指令名称	功能	梯形图
SQRT	平方根	求源操作数的平方根	┤├────SQRT (s) (d)

SQRT 指令有 2 个操作数，即 1 个源操作数(s)和 1 个目标操作数(d)，源操作数可以是 K、H、D 软元件，目标操作数可以为 D 软元件。

当源操作数为负数时，计算结果出错，SM8067 置 ON；当计算结果为零时，SM8020 置 ON；当计算结果经过四舍五入取整时，SM8021 置 ON。

【例 5-35】如图 5-43 所示为 SQRT 指令应用的例子，当 X0 为 ON 时，SQRT 指令执行，存放在 D10 中的数开平方，结果存放在 D12 中。

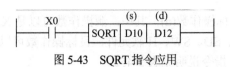

图 5-43　SQRT 指令应用

5.6.9　浮点操作指令

浮点操作指令主要包括 16 位数据单精度实数转换指令和 32 位数据双精度实数转换指令。

16 位数据单精度实数转换指令分为带符号 16 位单精度实数转换（INT2FLT）和无符号 16 位单精度实数转换（UINT2FLT）指令。INT2FLT、UINT2FLT 指令有 2 个操作数，即 1 个源操作数(s)和 1 个目标操作数(d)。其中，源操作数可以是 X、Y、M、L、SM、F、B、SB、S、T、ST、C、D、W、SD、SW、R 软元件，目的操作数可以为 T、ST、C、D、W、SD、SW、R 软元件。

INT2FLT、UINT2FLT 指令说明见表 5-43。

表 5-43　INT2FLT、UINT2FLT 指令说明

指令符号	指令名称	功能	梯形图
INT2FLT	带符号 16 位单精度实数转换	将带符号 16 位数据转换为单精度实数	┤├────[INT2FLT (s) (d)]
UINT2FLT	无符号 16 位单精度实数转换	将无符号 16 位数据转换为单精度实数	┤├────[UINT2FLT (s) (d)]

【例 5-36】如图 5-44 所示为 INT2FLT 指令应用的例子，将源操作数中的-1234 转换为单精度实数后，存储到 D100 中。

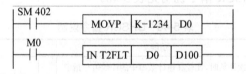

图 5-44　INT2FLT 指令应用

5.7　高速处理计数器指令

高速处理计数器指令主要包括 32 位数据比较设置、复位指令，32 位数据带宽比较指令，16 位/32 位数据高速 I/O 功能的开始/停止指令、高速当前值传送指令，见表 5-44。

表 5-44　高速处理计数器指令

指令符号	指令名称	指令符号	指令名称
DHSCS	32 位数据比较设置	DHSCR	32 位数据比较复位
DHSZ	32 位数据带宽比较	HIOEN	数据高速 I/O 功能的开始/停止
HCMOV	数据高速当前值传送		

5.7.1　32 位数据比较设置指令

32 位数据比较设置指令（DHSCS，Set by High Speed Counter）有 3 个操作数，即 2 个源操

作数（(s1)和(s2)）和1个目标操作数(d)，其中，源操作数可以是X、Y、M、L、SM、F、SB、S、T、ST、C、D、W、SD、SW、H软元件，目标操作数可以是X、Y、M、L、SM、F、B、SB、S软元件。DHSCS指令说明见表5-45。

表5-45 DHSCS指令说明

指令符号	指令名称	功能	梯形图
DHSCS	32位数据比较设置	每次计数时，比较高速计数器中的计数值与指定的有效值，然后立即设置位软元件	⊣⊢—[DHSCS (s1) (s2) (d)]

(s1)为高速计数器的当前值比较数据或存储了要比较数据的字软元件编号，(s2)为高速计数器的通道编号，(d)为当(s2)指定通道的高速计数器当前值变为比较值(s1)时，置ON软元件。

【例5-37】如图5-45所示为DHSCS指令应用的例子。当X0由OFF变为ON，(s2)中指定通道的高速计数器C255的当前值变化到100时，Y0置位闭合（复位断开），并立即实现输出。

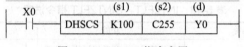

图5-45 DHSCS指令应用

5.7.2 32位数据比较复位指令

32位数据比较复位指令（DHSCR，Reset by High Speed Counter）有3个操作数，即2个源操作数（(s1)和(s2)）和1个目标操作数(d)，其中，源操作数可以是X、Y、M、L、SM、F、B、SB、S、T、ST、C、D、W、SD、SW、H软元件，目标操作数可以是X、Y、M、L、SM、F、B、SB、S软元件。DHSCR指令说明见表5-46。

表5-46 DHSCR指令说明

指令符号	指令名称	功能	梯形图
DHSCR	32位比较复位	每次计数时，比较高速计数器中的计数值与指定的有效值，然后立即对位软元件进行复位	⊣⊢—[DHSCR (s1) (s2) (d)]

(s1)为高速计数器的当前值比较数据或存储了要比较数据的字软元件编号，(s2)为高速计数器的通道编号，(d)为当(s2)中指定通道的高速计数器当前值变为比较值(s1)时，复位软元件。

【例5-38】如图5-46所示为DHSCR指令应用的例子。当X0由OFF变为ON，(s2)中指定通道的高速计数器C255的当前值变化到100时，Y0复位断开（置位闭合），并立即实现输出。

图5-46 DHSCR指令应用

5.7.3 32位数据带宽比较指令

32位数据带宽比较指令（DHSZ，Zone Compare for High Speed Counter）有4个操作数，即3个源操作数（(s1)、(s2)和(s3)）和1个目标操作数(d)，其中，源操作数可以是X、Y、M、L、SM、F、B、SB、S、T、ST、C、D、W、SD、SW、H软元件，目标操作数可以是X、Y、M、L、SM、F、B、SB、S软元件。DHSZ指令说明见表5-47。

表 5-47 DHSZ 指令说明

指令符号	指令名称	功能	梯形图
DHSZ	32 位数据带宽比较	高速计数器的当前值与 2 个值（带宽）进行比较，并输出比较结果	──┤├── DHSZ (s1) (s2) (s3) (d)

(s1)为高速计数器当前值比较数据或存储了要比较数据的字软元件编号（比较值 1），(s2)为高速计数器当前值比较数据或存储了要比较数据的字软元件编号（比较值 2），(s3)为高速计数器的通道编号，(d)为在比较值 1 与比较值 2 中输出比较结果的起始位软件编号。

【例 5-39】如图 5-47 所示为 DHSZ 指令应用的例子。当 X0 由 OFF 变为 ON 时，将(s3)中指定的高速计数器当前值与 2 个比较值（比较值 1、比较值 2）进行带宽比较。如果 C255（当前值）<K100，则 Y0 置为 ON；如果 K100（比较值 1）≤C255（当前值）≤K200（比较值 2），则 Y1 置为 ON；如果 K200（比较值 2）<C255（当前值），则 Y2 置位 ON。

图 5-47 DHSZ 指令应用

5.8 其 他 指 令

5.8.1 刷新指令

刷新指令（REF，Refresh）有 2 个操作数，即 1 个源操作数(s)和 1 个操作数 n，其中，源操作数可以是 X、Y、D 软元件，n 可以是 K、H 软元件。REF 指令说明见表 5-48。

表 5-48 REF 指令说明

指令符号	指令名称	功能	梯形图
REF	刷新	程序刷新目标软元件状态，将(s)为起始位的 n 个数据刷新	──┤├── REF (s) n

REF 指令用于在某段程序处理时即时读入最新输入信息或者在某一操作结束后立即将操作结果输出，包括输入刷新和输出刷新。

【例 5-40】如图 5-48 所示为 REF 指令输出刷新应用的例子。当 X0 由 OFF 变为 ON 时，输入 X10～X17 共 8 点被刷新。若在本指令执行之前 X10～X17 已经变为 ON 10ms（示波器响应延迟时间），则执行本指令时 X10～X17 的映像寄存器变为 ON，因此 REF 指令有 10ms 的响应延迟时间。

【例 5-41】如图 5-49 所示为 REF 指令输出刷新应用的例子，将 Y0～Y07、Y10～Y17、Y20～Y27 的 24 点输出刷新。对应的输出寄存器数据立即传到输出端子，输出响应延迟时间后输出接点动作。

图 5-48 REF 指令输入刷新应用   图 5-49 REF 指令输出刷新应用

5.8.2 七段解码指令

七段解码指令（SEGD，Seven Segment Decoding）有 2 个操作数，即 1 个源操作数(s)和 1 个目的操作数(d)。其中，源操作数可以是 X、Y、M、L、SM、F、B、SB、S、T、ST、C、D、W、SD、SW、R 软元件，目的操作数可以是 Y、M、L、SM、F、B、SB、S、T、ST、C、D、W、SD、SW、R 软元件。SEGD 指令说明见表 5-49。

表 5-49　SEGD 指令说明

指令符号	指令名称	功能	梯形图
SEGD	七段解码	将数据解码，点亮七段数码管（1 位数）	─┤├─────SEGD (s) (d)───

【例 5-42】如图 5-50 所示为 SEGD 指令应用的例子。若 X0 为 OFF，本指令不执行；若 X0 为 ON，将源操作数所指定的 D10 的低 4 位二进制数，经解码放到目标操作数中所指定的字软元件 K2Y0 中，并驱动由十六进制数组成的七段数码管显示器。显示器中的数据见表 5-50。

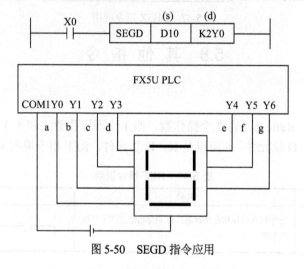

图 5-50　SEGD 指令应用

表 5-50　七段数码管显示器中的数据

D10 数据	显示数据	K2Y0							
		Y7	Y6	Y5	Y4	Y3	Y2	Y1	Y0
0000	0	0	0	1	1	1	1	1	1
0001	1	0	0	0	0	0	1	1	0
0010	2	0	1	0	1	1	0	1	1
0011	3	0	1	0	0	1	1	1	1
0100	4	0	1	1	0	0	1	1	0
0101	5	0	1	1	0	1	1	0	1
0110	6	0	1	1	1	1	1	0	1
0111	7	0	0	0	0	0	1	1	1
1000	8	0	1	1	1	1	1	1	1
1001	9	0	1	1	0	1	1	1	1
1010	A	0	1	1	1	0	1	1	1
1011	B	0	1	1	1	1	1	0	0
1100	C	0	0	1	1	1	0	0	1

D10 数据	显示数据	K2Y0							
		Y7	Y6	Y5	Y4	Y3	Y2	Y1	Y0
1101	D	0	1	0	1	1	1	1	0
1110	E	0	1	1	1	1	0	0	1
1111	F	0	1	1	1	0	0	0	1

5.8.3 矩阵输入指令

矩阵输入指令（MTR，Matrix Input）用连续的 8 点输入与连续的 n 点晶体管输出组成 n 行 8 列的输入矩阵，用来输入 $n \times 8$ 个开关量信号。指令处理时间为 $n \times 20\text{ms}$。如果用高速输入 X0～X17 作为输入点，则读入时间减半。MTR 指令说明见表 5-51。

表 5-51　MTR 指令说明

指令符号	指令名称	功能	梯形图
MTR	矩阵输入	把 n 组输入状态存放到目标软元件中	⊢ ⊢ MTR (s) (d1) (d2) n

【例 5-43】如图 5-51 所示为 MTR 指令应用的例子。由(s)指定的输入软元件开始的 8 个输入（本例为 X10～X17）和由(d1)指定的输出软元件开始的 n 个晶体管输出点（本例 $n=3$，即 Y20、Y21、Y22）反复依次接通。当 Y20 为 ON 时，读入第一行数据，并保存到 M30～M37 中。当 Y21 为 ON 时，读入第二行数据，并保存到 M40～M47 中。其余类推，反复执行。标志 SM8029 在第一个读入周期完成后置 1。当本指令的执行条件 X0 变为 OFF 时，SM8029 复位，M30～M57 的状态保持不变。

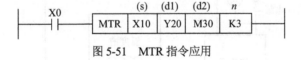

图 5-51　MTR 指令应用

PID 控制指令 MP4

5.8.4 PID 控制指令

PID 控制指令用于执行根据输入的变化量而改变输出值的 PID 控制。PID 指令说明见表 5-52。

表 5-52　PID 指令说明

指令符号	指令名称	功　能	梯形图符号
PID	PID 运算	用于执行根据输入的变化量而改变输出值的 PID 控制	⊢ ⊢ PID (s) (s1) (s2) (d)

PID 指令有 4 个操作数，即 3 个源操作数和 1 个目的操作数。其中，源操作数(s)、(s1)可以是字（D、SD、R、U□\G□）软元件，(s2)可以是字（D、SD、R）软元件，目标操作数(d)可以是字（D、SD、R、U□\G□）软元件。其中(s)表示存储目标值的软元件编号，(s1)表示存储测量值的软元件编号，(s2)表示存储参数的软元件编号，(d)为输出值的软元件编号。

PID 参数主要功能如下。

比例控制（P）：比例控制的输出与输入误差信号成比例关系，比例系数为 K_P。K_P 越小，控制作用越小，系统响应越慢；反之，K_P 越大，控制作用越强，系统响应越快。

积分控制（I）：积分控制的输出与输入误差信号的积分成正比关系，积分作用的强弱取决于积分时间常数 TI。TI 越大，积分作用越弱，反之则越强。

微分控制（D）：微分控制的输出与输入误差信号的微分（误差的变化率）成正比关系，微分时间常数为 TD。根据偏差量的变化趋势提前给出较大的控制作用，从而消灭偏差。

【例 5-44】某电热锅炉控制系统，以锅炉内胆作为被控对象，内胆的水温为系统的被控制量，水温需要始终保持在 50℃。该控制系统的控制要求如下：

（1）将测温电阻传感器（Pt100 传感器）检测到的锅炉内胆温度信号 T1 作为反馈信号，将其与给定量比较后的差值通过调节器控制三相调压模块的输出电压（三相加热器的端电压），以达到控制锅炉加热器的功率、调节内胆水温的目的。

（2）预先设定的给定值（目标值）可以直接输入回路中，过程变量由在受热体中的 Pt100 传感器测量，并经测温电阻转换器给出，为单极性电压模拟量。

（3）输出值是送至加热器的电压，其允许变化范围为最大值的 0～100%。

电热锅炉控制系统的电路图如图 5-52 所示，其参数见表 5-53，其梯形图如图 5-53 所示。

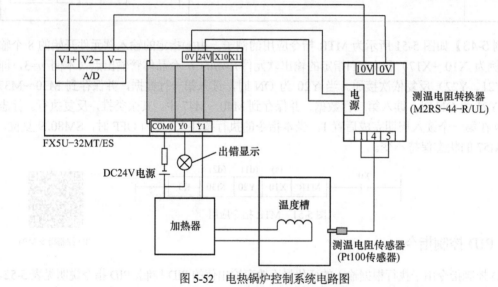

图 5-52 电热锅炉控制系统电路图

表 5-53 电热锅炉控制系统的参数

项目		软元件	设置值/单位
目标值（SV）	S1	D500	5000/0.01℃
测定值（PV）	S2	SD6022	实际检测输入温度值
采样时间（TS）	S3	D510	500/ms
动作方向（ACT）	S3+1 b0	D511.0	1（反动作）
比例增益（KP）	S3+3	D13	3000/%
积分时间（TI）	S3+4	D514	200000/ms
微分时间（TD）	S3+6	D516	500000/ms
输出值（MV）	D	D502	根据运算

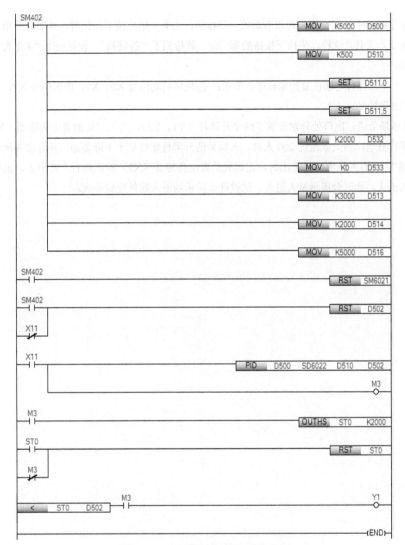

图 5-53　电热锅炉控制系统梯形图

习　题　5

5-1　用功能指令设计一个数码管循环点亮的控制系统，其控制要求如下：

（1）手动时，每按一次按钮，数码管的显示数值加 1，由 0～9 依次点亮，并实现循环；

（2）自动时，每隔 1s，数码管的显示数值加 1，由 0～9 依次点亮，并实现循环。

5-2　设计一个数字加/减计算器，实现 20+30=50，42-18=24。

5-3　某比赛要求 5 个人参赛，设计一个数字计算器，实现 5 个人总成绩及平均成绩的计算。

5-4　设计一个"三人表决器"，其逻辑功能是表决结果与多数人意见相同。每个人赞成为 1，不赞成为 0；Y 为表决结果（输出变量），多数人赞成 Y 为 1，否则 Y 为 0。

5-5　现有 4 间重症病房，每间有两个按钮，红色表示急救，而黄色表示有事请求，试设计一个护士站与病房之间的急救显示系统（护士站有复位按钮）。

5-6　设计一个霓虹灯控制器，实现 6 只灯泡轮流亮，每次只有一只灯泡亮，亮 1s 且循环。

5-7 设智力测验时分 4 个组，每组前面放一个按钮，当某一组先按下按钮时，其对应的指示灯亮，电铃响，此时其他按钮均失效。这样，先按下按钮的那一组，就抢到了"答题权"。设计一个"4 组智力抢答器"实现"抢答"功能。

5-8 设计一个工作台自动往复控制程序。要求：正/反转启动信号 X0、X1，停车信号 X2，左、右限位开关 X3、X4，输出信号 Y0、Y1。

5-9 某游乐场所进、出口处分别设置了两个升降杆（Y1、Y2），当入口处的光电传感器（X1）检测到有人进入时，升降杆升起；当人数超过 200 人时，入口处的升降杆始终处于下降姿态，并且会提示"游乐设施已经满员，请稍候"。当有人从出口处走出时，出口处的光电传感器（X2）检测到有人要出去，出口处的升降杆升起，允许游人出去，此时会提示游人进入。试设计该游乐场游人数量控制系统。

第6章 PLC人机界面设计

人机界面是PLC与用户友好交互的主要方式,其操作简单,图形显示丰富,目前广泛应用于工业控制的各个领域。本章首先简要介绍人机界面的概念及其分类,进一步介绍三菱GOT系列触摸屏,接着以三菱GS21型号触摸屏为例详细阐述其界面设计的步骤,最后列举一个应用实例以供参考。本章主要以实践为主,需要掌握三菱GT Designer3软件的使用方法,并了解与PLC的通信及触摸屏的相关设置。参考资料可自行查阅三菱的相关手册,如图形操作终端GOT SIMPLE主机使用手册等。

6.1 人机界面概述

人机界面(Human Machine Interface, HMI)是计算机与人进行互动交流的媒介,是两者沟通的桥梁。人们对PLC的控制和PLC反馈的信息都可以用人机界面来完成。人机界面的形式多样,对于PLC而言,最常见的人机界面形式是触摸屏。触摸屏是一种可感知触碰的装置,当接触到触摸屏上的按钮等对象时,屏幕的触觉系统就可以根据预先编制的驱动处理程序驱动相应的元器件,可完全代替机械式的按钮模式。同时根据程序的要求,可在触摸屏上反馈显示丰富多彩的图形信息。因此,在工业领域,触摸屏已应用于绝大多数PLC控制系统中,触摸屏的操作简单,使用方便高效,目前触摸屏已成为人们常用的与PLC交互的模式。

触摸屏通常由外板、触摸控制器、触摸传感器、显示器、系统软件构成。从技术的角度来区分,触摸屏大致可分为5类:矢量压力传感技术触摸屏、电阻式触摸屏、电容式触摸屏、红外线式触摸屏、表面声波式触摸屏。其中,矢量压力传感技术触摸屏已被淘汰;红外线式触摸屏的价格不高,但容易产生光干扰,曲面情况下存在失真现象;电容式触摸屏设计构思合理,但其图像失真问题依然存在;电阻式触摸屏的定位准确,但其价格较高;表面声波式触摸屏显示清晰且不容易被损坏,适用场合广泛,但是水滴和尘土会使触摸屏变得迟钝,甚至引起误操作。触摸屏的主要技术参数包括透射率、屏幕尺寸、分辨率、耐久性、成本等。透射率越高,画质劣化程度越小。屏幕分辨率与触摸屏的类型关系较大,最好是电阻式触摸屏,其次分别是表面电容式触摸屏、表面声波式触摸屏、投射电容式触摸屏和红外线式触摸屏。耐久性方面以红外线式触摸屏和表面声波式触摸屏最为出色。电阻式触摸屏和电容式触摸屏由于所需传感器成本较低,因此在成本方面优势明显。电容式触摸屏只支持手指触摸,而其他类型的触摸屏一般都支持手指、感应笔等。

触摸屏厂家很多,基本上PLC的生产厂家都有相应的触摸屏产品,如三菱、西门子、台达、欧姆龙等。此外,国内也有许多触摸屏品牌,如研华、威纶通、步科等。虽然品牌较多,但总体上兼容性较好。

6.2 三菱触摸屏硬件简介

三菱触摸屏在市场上占有一定的市场份额,已广泛应用于机械、纺织、电

三菱触摸屏硬件
简介 MP4

气、包装、化工等行业。目前主要包括 3 个系列，分别是 GOT2000、GOT1000 和 GOT SIMPLE，如图 6-1 所示。其中，GOT2000 系列将基本性能推向极致；GOT1000 系列具有 5 种类型的终端，可以满足任何系统或者预算的要求；而 GOT SIMPLE 系列具有简洁的特点，功能强大，操作简便。

图 6-1　三菱触摸屏

下面以 GOT SIMPLE 系列为例简要介绍触摸屏的基本信息。GOT SIMPLE 系列有两种型号规格，分别是 GS2110-WTBD 和 GS2107-WTBD，其主要性能见表 6-1。

表 6-1　GS2110-WTBD 和 GS2107-WTBD 主要性能

项目		GS2110-WTBD	GS2107-WTBD
显示部分	种类	TFT 彩色液晶	
	画面尺寸	10 寸	7 寸
	分辨率	800×480 点	
	显示尺寸	W222（8.74）×H132.5（5.22）（mm）（英寸）	W154（6.06）×H85.9（3.38）（mm）（英寸）
	显示字符数	16 点字体时：50 字×30 行（全角）（横向显示时）	
	显示色	65536 色	
	亮度调节	32 级调整	
背光灯		LED 方式	
触摸面板	方式	模拟电阻膜方式	
	触摸键尺寸	最小 2×2 点（每个触摸键）	
	同时按下	不可同时按下（仅可触摸 1 点）	
	寿命	100 万次（操作为 0.98N 以下）	
存储器	C 驱动器	内置快闪卡 9MB（工程数据存储用、操作系统存储用）	
		寿命（写入次数）10 万次	
内置接口	RS-422	连接器形状：D-Sub 9 针（母）	
	RS-232	连接器形状：D-Sub 9 针（公）	
	以太网	数据传送方式：100BASE-TE、10BASE-T，连接器形状：RJ-45（模块插孔）	
	USB	依据串行 USB（全速 12Mbps）标准，连接器形状：Mini-B	
	SD 卡	依据 SD 规格，支持存储卡：SDHC 存储卡、SD 存储卡	

下面以 GS2110-WTBD 为例介绍该触摸屏型号的硬件组成。如图 6-2 所示为 GS2110-WTBD 的硬件结构图，表 6-2 为 GS2110-WTBD 硬件结构各部分内容介绍。

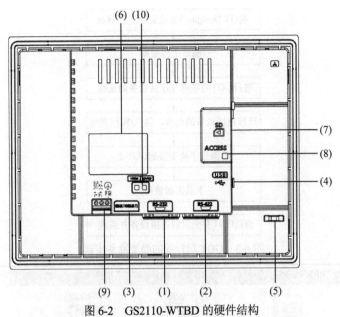

图 6-2 GS2110-WTBD 的硬件结构

表 6-2 GS2110-WTBD 的硬件结构各部分内容介绍

编号	名称	内容
（1）	RS-232 接口	该接口为 D-Sub 9 针（公），可用于连接 PLC、个人计算机、条码阅读器、RFID 等，也可以用于个人计算机的操作系统安装、工程数据下载和 FA 透明功能等
（2）	RS-422 接口	可连接 PLC 和个人计算机，同样也为 D-Sub 9 针（公）
（3）（10）	以太网接口及其通信状态 LED 灯	通过以太网（RJ-45）连接 PLC 和个人计算机
（4）	USB 接口	用于工程数据的传送及保存用 USB 接口
（5）	USB 电缆脱落防止孔	主要利用该孔对 USB 电缆进行固定，防止其脱落
（6）	额定铭牌	显示型号、额定电流、生产编号、H/W 版本及 Boot_OS 版本
（7）（8）	SD 卡接口及其存取 LED 灯	可将 SD 卡插入 GOT 接口，实现存储功能，其存取 LED 灯显示 SD 卡存取状况，未存取时熄灭
（9）	电源端子	用于向触摸屏供应电源（DC24V）及接地

GOT 运行前的简要准备步骤如图 6-3 所示。

应用程序主菜单包含 Language（语言）、连接设备设置、GOT 设置、安全等级设置、时钟的显示/设置、数据管理、监视/编辑和维护功能的设置，如图 6-4 所示。各部分的详细内容及设置方法见表 6-3。

将GT Designer3安装到个人计算机
制作工程数据
进行GOT的电源与连接设备的配线
进行连接设备的电源、输入/输出配线
将操作子位安装到GOT上
下载工程数据
确认GOT有无识别连接设备并监视

图 6-3　GOT 运行前的简要准备步骤

应用程序主菜单
ABC
Language
连接设备设置
GOT设置
安全等级设置
时钟的显示/设置
数据管理
监视/编辑
维护功能

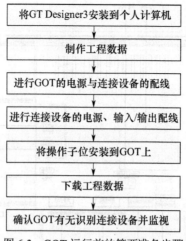

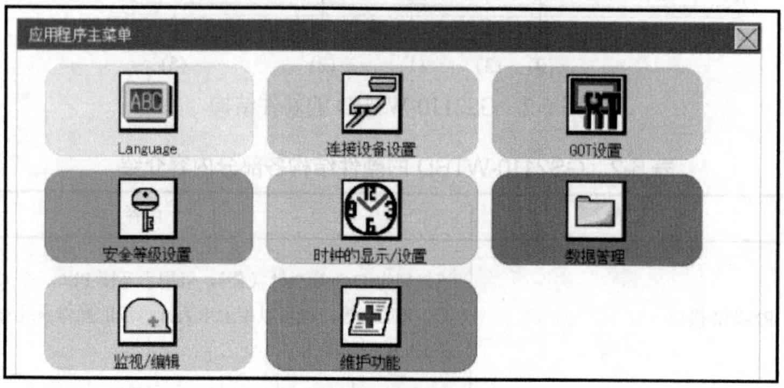

图 6-4　GOT 应用程序显示界面

表 6-3　应用程序主菜单的详细内容及设置方法

项目		功能概要
Language（语言）		信息语言切换
连接设备设置	标准 I/F 设置	对通信接口的通道编号设置和驱动程序的分配
	GOT IP 地址设置	GOT 以太网设置
	通信监控	串行通信端口的通信确认
	以太网检查	以太网通信端口的通信确认
	透明模式的设置	使用 FA 透明功能时通信对象的通道号设置
	关键字	FX CPU 连接时，PLC 程序保护用关键字设置、删除、保护状态解除
GOT 设置	显示的设置	包括标题显示时间、屏幕保护时间的设置及亮度的调节
	操作的设置	包括蜂鸣音、窗口移动时蜂鸣音、键反应速度、应用程序调用键的设置及触摸面板校准
	固有信息	GOT ID 编号的设置
安全等级设置	安全等级认证	安全等级更改
	操作员认证	包括操作员管理、更改密码、功能设置
	登录/注销	
时钟的显示/设置	时钟的显示/设置	

项目			功能概要
数据管理	系统应用程序信息		系统应用程序信息的属性显示/数据检查
	资源数据信息	报警信息	报警日志文件的删除/复制、报警日志文件的 G2A→CSV/TXT 转换
		配方信息	配方文件的 G2P↔CSV/TXT 转换、配方文件的删除/复制
		日志信息	日志文件的 G2L→CSV/TXT 转换、日志文件的删除/复制
		图像文件管理	硬拷贝文件的删除/复制
	SD 卡存取		SD 卡的存取允许设置
	SD 卡格式化		SD 卡的格式化
	清除用户数据		清除 GOT 内工程数据、资源数据
	数据复制		将工程数据和基本系统应用程序传送到 SD 卡中
监视/编辑	软元件监视		PLC 的软元件监视、智能模块的缓冲存储器监视和缓冲存储器的当前值更改
	FX 列表编辑		FX PLC 的顺控程序和参数的更改
	FX3U-ENET-ADP 通信设置		存储在 FX CPU 中的 FX3U-ENET-ADP 的通信设置
维护功能	触摸面板校准		显示用以清洁显示屏的设置画面
	触摸面板检查		触摸面板动作的检查
	屏幕清洁		显示用以清洁显示屏的设置画面

6.3　三菱触摸屏人机界面设计

三菱触摸屏人机
界面设计 MP4

6.3.1　新建人机界面

GT Designer3 是三菱触摸屏人机界面的设计软件，可以进行工程创建、模拟、与 GOT 间的数据传送。它是三菱 GT Works3 软件包的组成部分，用户需要下载 GT Works3 进行安装并选择 GT Designer3。默认的 GT Designer3 是 GOT2000 系列和 GOT1000 系列用的画面创建软件，若需要支持 GOT SIMPLE 系列，则需在安装完 GT Designer3 后继续安装 GS Installer。

在进行触摸屏画面设计前，需要创建工程，工程分为工作区格式和单文件格式两种。工作区格式是将多个工程以工作区的方式进行管理的文件格式，而单文件格式是将工程作为单独的文件进行管理的文件格式。启动 GT Designer3 后，出现"工程选择"对话框，如图 6-5 所示。

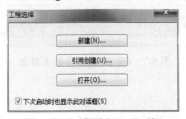

图 6-5　"工程选择"对话框

根据需求可分别选择新建、引用创建或者打开工程。以下以新建工程为例，介绍如何进行触摸屏画面设计。"工程的新建向导"对话框通过向导的形式一步一步完成工程的创建，将引导用户完成初始的大部分设置，主要包括系统设置、连接机器设置、GOT IP 地址设计、画面切换及画面的设计等。如图 6-6 所示。

设置完工程的新建向导后，进入 GT Designer3 软件的主界面，如图 6-7 所示。

图 6-6 "工程的新建向导"对话框

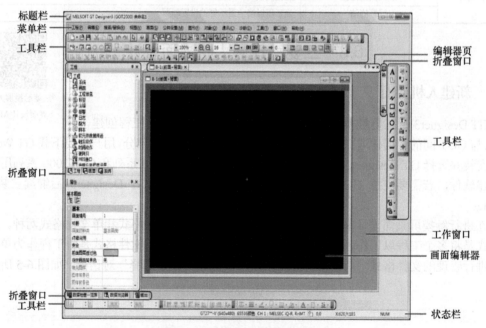

图 6-7 GT Designer3 的主界面

6.3.2 对象及其功能简介

GT Designer3 具有较为丰富的图形资源,包括文本、艺术字、直线、折线、矩形、圆弧、扇形、表格、刻度、配管、涂刷、图形文件、DXF 数据、IGES 数据及截图等。对象是 GT Designer3 的重要组成部分,是触摸屏与 PLC 数据沟通的媒介。对象包括库的使用、触摸开关、指示灯、数值显示/输入、字符串显示/输入、日期显示、注释显示、部件显示、部件移动、记录数据列表显示、报警显示、配方显示、折线/趋势/条形图表、统计矩形/饼图、精美仪表、滑杆等。对象种类丰富,可满足绝大多数触摸屏界面的要求。对象的外观样式、软元件使用、文本设置及其他一些扩展设置都可以通过双击对象或者在其属性对话框中完成。以下针对几种常见的对象做简要说明。

1. 开关

如图 6-8 所示，GT Designer3 的开关类型分为开关、位开关、字开关、画面切换开关、站号切换开关、扩展功能开关、按键窗口显示开关和按键代码开关，其中位开关是最常用的，常与 PLC 输入端配合。位开关可设置软元件、样式、文本、扩展功能和动作条件，其中最主要的是需设置其软元件和动作条件。

图 6-8　位开关对象属性

2. 指示灯

如图 6-9 所示，指示灯往往对应 PLC 的输出。指示灯只有两类，一类是位指示灯，一类是字指示灯。可以对指示灯的软元件/样式、文本、扩展功能和显示条件进行设置。

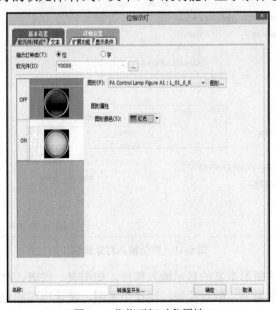

图 6-9　位指示灯对象属性

3. 数值显示/输入

这种对象是人机交互的重要部件，也是最经常用到的对象之一。如图 6-10 和图 6-11 所示，数值显示/输入需要对软元件、样式、扩展功能、显示/动作条件及运算进行相应的设置。

图 6-10　数值显示对象属性

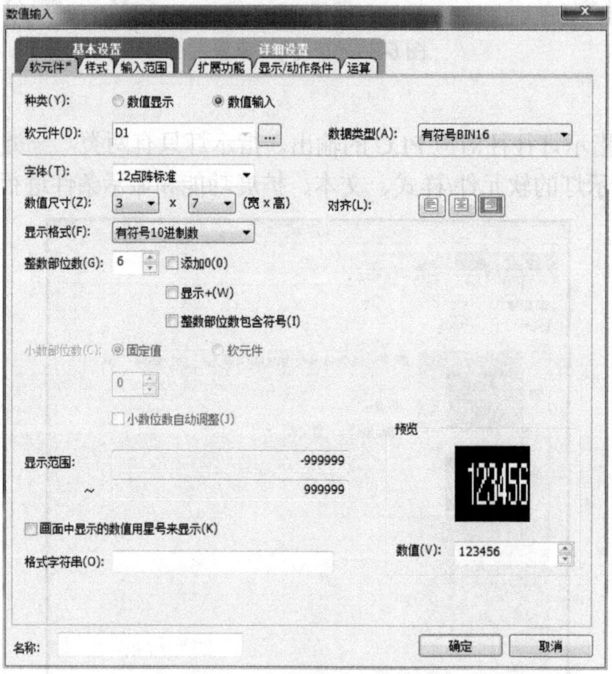

图 6-11　数值输入对象属性

GT Designer3 内置了图形丰富的显示输入部件，如图表、仪表、滑块等，其中图表包含折线图表、趋势图表、条形图表、散点图表、统计矩形图、统计饼图和记录趋势图表，这些部件使得触摸屏的输入与显示的样式多样化，同时也使触摸屏界面更加美观。如图 6-12 所示为折线图表的设置，可以对折线图表的数据、样式、扩展功能、显示条件和运算进行相应的设置。如图 6-13 所示为精美仪表的设置界面，该界面提供对精美仪表的软元件/样式、文本、刻度、扩展样式、扩展功能、显示条件和运算的相应设置。

图 6-12　折线图表设置

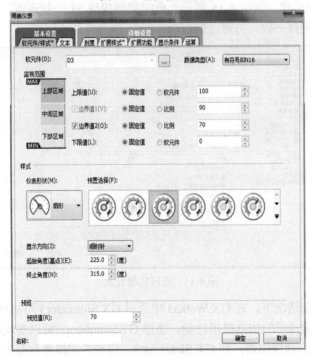

图 6-13　精密仪表设置

6.3.3　下载与仿真

在 GT Designer3 中完成画面的设计后，需要将其下载至硬件 GOT 触摸屏。有两种下载方式，如图 6-14 所示，一种是 GOT 直接，一种是通过可编程控制器。GOT 直接是通过 USB 或以太网的形式直接将画面数据传至 GOT。如果是以太网，还需要设置 GOT IP 地址等参数。如果是通过可编程控制器，需要计算机通过以太网/USB/RS-232 将画面数据传至可编程控制器，然后通过可编程控制器由单一网络（MELSECNET/H、CC-Link IE 控制器、以太网等）传至 GOT。需要注意的是，GOT SIMPLE 系列不支持通过 PLC 进行通信。

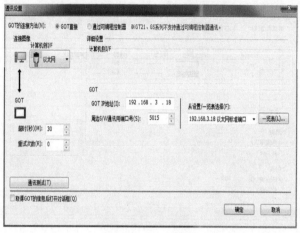

图 6-14　通信设置

GOT 与 PLC 通信在图 6-6 所示的"工程的新建向导"对话框已有设置，也可通过【导航】→【连接机器设置】进行设置，如图 6-15 所示，此时需要提供 PLC 制造商、机种及 I/F。相关通信数据必须与实际的硬件一致，方可通信成功。

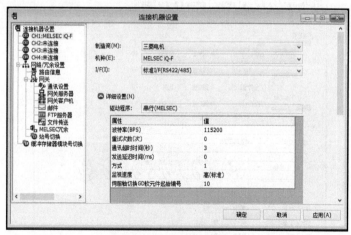

图 6-15　连接机器设置

在没有硬件设备的情况下，在 GX Works3 中通过 GX Simulator3 可实现 PLC 程序的仿真。同样，三菱也提供了触摸屏的仿真模拟功能，通过 GT Simulator3 可以实现触摸屏的仿真模拟。可以在 GT Designer3 启动模拟器，即 GT Simulator3。启动的前提条件是要启动 GX Works3 的模拟器 GX Simulator3，并模拟下载相应的 PLC 程序，如图 6-16 所示。当成功启动 GT Simulator3，其界面就是 GT Designer3 正在编辑的触摸屏界面。在用户没有触摸屏硬件的条件下，该模拟器可以基本实现相应的动作。下面举例进行说明。

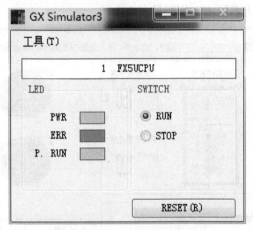

图 6-16　GX Simulator3 启动

在 GX Works3 中编写如图 6-17 所示的梯形图，然后启动 GX Simulator3 进行在线仿真。启动 GT Designer3 后，设置相应的画面，并单击模拟按钮，进入 GT Simulator3 并显示当前设计的画面，如图 6-18 所示。可对数值输入进行修改，单击开始按钮，数值输入模块输入 99 后，数值输出显示也变成 99 且指示灯亮，说明仿真通信成功。

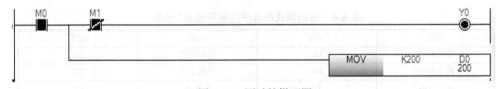

图 6-17　测试的梯形图

 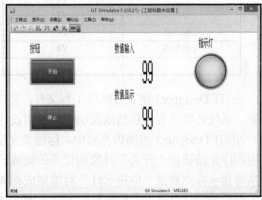

图 6-18　GT Simulator3 的仿真

6.4　人机界面设计的综合应用实例

智能箱式高温炉是一个密闭的箱式容器，上、下板都可加热，上板由伺服系统控制，可上、下运动，完成材料烧结成型。要求 PLC 能够严格控制上、下板温度，同时根据模具调整上、下板运动，并进行压力检测。

人机界面设计的综合
应用实例 MP4

如图 6-19 所示，需要利用文本、数值输入/显示、位按钮、位指示灯、带状仪表、滑杆等对象，设置各类对象的参数，特别是温度、压力及上升、下压位移的限位值，关联 PLC 软元件。在 GX Works3 编写控制梯形图，I/O 分配见表 6-4。

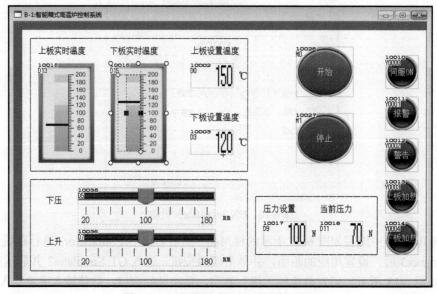

图 6-19 智能箱式高温炉控制系统画面

表 6-4 智能箱式高温炉控制系统 I/O 分配

功能	对象	功能	对象
开始按钮	M0	上板温度	D0
停止按钮	M1	下板温度	D3
伺服 ON	Y0	下压值	D5
报警	Y1	上升值	D7
警告	Y2	压力设置	D9
上板加热	Y3	当前压力	D11
下板加热	Y4	上板实时温度	D13
		下板实时温度	D15

在 GT Designer3 建立触摸屏工程文件，完成 GOT 系统设置、连接机器设置、GOT IP 地址设置、系统环境设置（包括画面切换和画面设计等），如图 6-20 所示。

在 GT Designer3 的编辑界面中，标题类文字通过"文字"对象完成界面的文字说明；开始按钮和停止按钮由"开关"对象的位开关完成设置；伺服 ON、报警、警告、上板加热和下板加热等指示标志通过"位指示灯"对象完成相关信息的显示；上板温度、下板温度、压力设置和当前压力等信息通过"数值显示/输入"对象中的数值输入、输出完成设置；上板实时温度和下板实时温度利用"精美仪表"对象中的带状（纵向）仪表显示上、下板实时温度情况；下压和上升采用"滑杆"对象实现下压和上升的数值设置。

1．开始/停止按钮及指示灯设置

开始按钮设置如图 6-21 所示，停止按钮可进行类似设置，分别在"位开关"→"软元件"中设置对应 PLC 程序分配的 M0 和 M1，并可设置按钮样式。

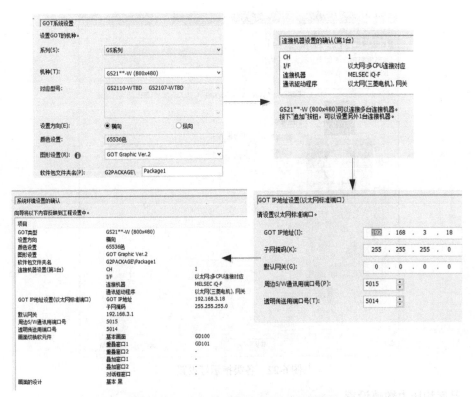

图 6-20　智能箱式高温炉控制系统设置

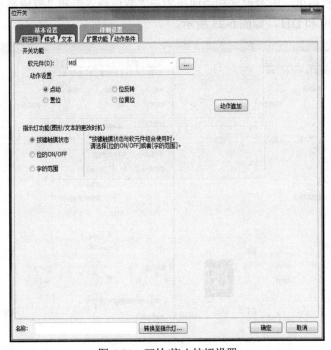

图 6-21　开始/停止按钮设置

各类指示灯的设置如图 6-22 所示，分别在"位指示灯"→"软元件"中设置 Y0、Y1、Y2、Y3 和 Y4，并可设置指示灯的样式。

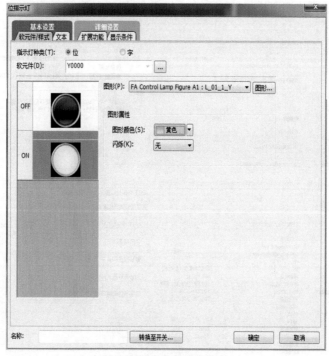

图 6-22　各类指示灯设置

2. 温度和压力数值设置

上板温度、下板温度、压力设置和当前压力在"数值输入"和"数值显示"中的"软元件"中设置 D0、D3、D9 和 D11，如图 6-23 所示。

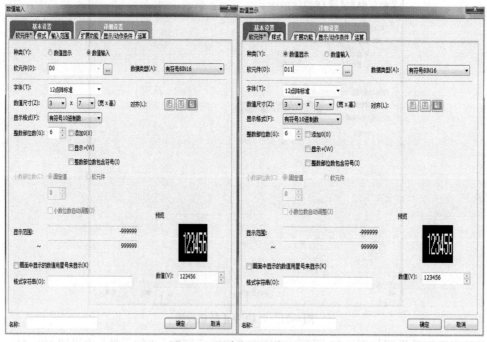

图 6-23　温度和压力数值设置

3．上、下板实时温度显示设置

上、下板实时温度显示采用更加直观的"精美仪表"中的带状仪表显示出来，分别在"软元件"中设置 D13 和 D15，并对仪表形状、监视范围等进行个性化设置，如图 6-24 所示。

图 6-24　上、下板实时温度设置

4．下压和上升数值设置

如图 6-25 所示，下压值和上升值利用"滑杆"对象设置完成，分别在"软元件"中设置 D3 和 D5，并设置上、下限值，滑杆方向和样式等。

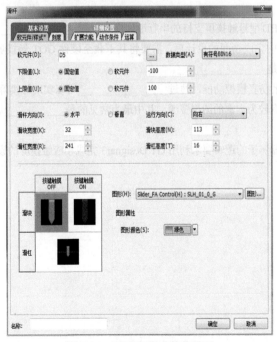

图 6-25　下压和上升数值设置

正式运行调试前，可进行模拟仿真，以查看触摸屏画面及相应的设置是否合理。需启动 GX Works3 的模拟器 GX Simulator3，然后启动 GT Designer3 的模拟器 GT Simulator3，将出现模拟界面，如图 6-26 所示。

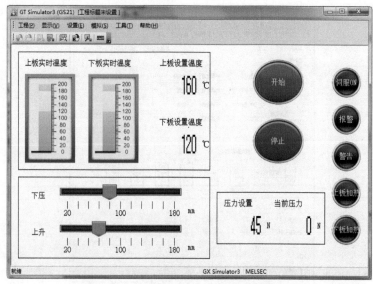

图 6-26　智能箱式高温炉控制系统模拟画面

模拟只能查看触摸屏画面及部分功能，之后可将触摸屏界面数据下载至触摸屏中，确保 PLC 与触摸屏连线及设置无误，完成运行调试。

习　题　6

6-1　三菱 GS2110-WTBD 型号触摸屏支持的串行通信模式为＿＿＿＿＿＿＿＿＿＿和＿＿＿＿＿＿＿＿＿两种。

6-2　在 GT Designer3 中完成画面的设计后，需要将其下载至硬件 GOT 触摸屏，有两种下载方式，一种是＿＿＿＿＿＿＿＿＿＿，一种是＿＿＿＿＿＿＿＿＿＿。

6-3　三菱提供触摸屏的仿真模拟功能，通过＿＿＿＿＿＿＿＿＿＿可以实现触摸屏的仿真模拟。

6-4　GT Designer3 具有较为丰富的图形资源，其中最为常见的是＿＿＿＿＿＿、＿＿＿＿＿＿和数值显示/输入。

6-5　请将第 3 章抢答器例子的逻辑要求利用 GT Designer3 完成相应触摸屏的设计。

第 7 章　PLC 工业控制

FX5U PLC 具有强大的通信功能，不仅 PLC 之间可以相互连接通信，而且可以与多种外部工业设备进行通信，如变频器、伺服电机、上位机等。本章首先介绍 PLC 的通信与控制的基本概念和现有常见的通信模式，包括串行通信、以太网通信、CC-Link 总线通信、Modbus 通信、ASI 通信、Profibus/DP 通信、DeviceNet 通信和 CANOpen 通信，然后重点介绍 PLC 与变频器的通信与控制、PLC 与伺服电机的通信与控制。最后详细介绍变频器和伺服电机的工作原理及应用，并说明 PLC 与变频器和伺服电机的接线、通信设置及编程。

7.1　PLC 的通信与控制

7.1.1　串行通信

PLC 的通信与控制 MP4

串行通信就是 FX5U PLC 与上位机或外部工业设备通过 RS-232、RS-422 及 RS-485 进行数据交换的一种通信方式。串行通信最重要的参数是波特率、数据位、停止位和奇偶校验位。要保证串行通信的成功，这些参数是必须要匹配的。串行通信常见的针数为 9 针，不过最简单的是仅使用 3 根信号线即可完成通信，即地线、发送线和接收线，其余信号线主要用于握手协议。串行通信的应用范围很广，以下介绍几种常见的 PLC 串行通信形式。

1. 简易 PLC 间的链接功能

简易 PLC 间的链接功能就是在最多 8 台 FX5U PLC 或 FX3U PLC 之间，通过 RS-485 进行软元件相互链接的功能，如图 7-1 所示。根据要链接的点数，有 3 种模式可以选择，在最多 8 台 FX5U PLC 或 FX3U PLC 之间自动更新数据链接，总延长距离最长为 1200m（仅限全部由 FX5U-485ADP 构成时）。对于链接用内部继电器（M）、数据寄存器（D），FX5U PLC 可以分别设定起始软元件编号。

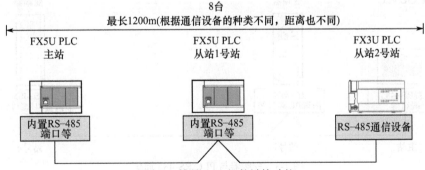

图 7-1　简易 PLC 间的链接功能

简易 PLC 间的链接功能的 FX5U 通信设定通过 GX Works3 进行参数设定，以 RS-485 通信端口为例，具体通过【导航】→【参数】→【FX5U CPU】→【模块参数】→【485 串口】实现。协议格式选择【简易 PLC 间的链接】，并根据需要修改相应的通信参数。设置完毕后，通过编程实现 PLC 间的通信。

2. MELSEC 协议功能

MELSEC（简称 MC）协议是指使用串行通信，从 CPU 模块或外围设备（计算机、人机界面等）访问支持 MC 设备的协议。FX5U PLC 在串行通信的情况下，可以使用 MC 协议的 QnA 兼容 3C/4C 帧进行通信。

如图 7-2 所示，从串行通信中所连接的对象设备发送 MC 协议的请求报文，就可以读出支持 MC 协议设备的软元件，从而可以监视系统。

此外，除软元件的读出外，还可以执行软元件的写入、支持 MC 协议设备的复位等。

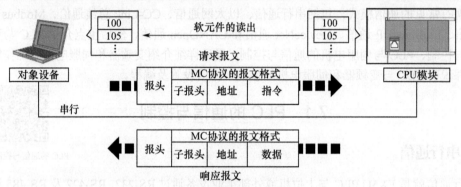

图 7-2　MELSEC 协议

使用 MC 协议功能的 3C/4C 帧时，可以以 RS-232C 或 RS-485（RS-422）两种通信方式中的任意一种进行连接。FX5U PLC 可以利用 MC 协议功能，在最多 4 个通道同时使用串口，由各串口决定可以使用的通信功能、通道编号。MC 协议功能在 GX Works3 中的设置与简易 PLC 间的链接设置类似，协议格式需选择【MC 协议】。

3. 变频器通信

变频器通信功能就是以 RS-485 通信方式连接 FX5U PLC 与变频器，最多可以对 16 台变频器进行运行监控、各种指令及参数的读出/写入的功能，如图 7-3 所示。

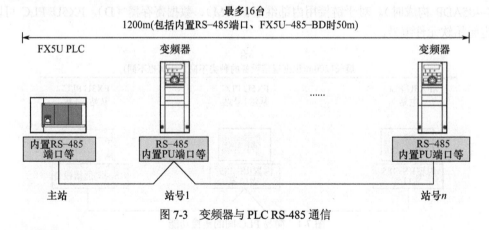

图 7-3　变频器与 PLC RS-485 通信

4. 无顺序通信功能

无顺序通信功能是指无协议地与打印机、条形码阅读器等进行数据通信的功能。可以使用 RS2 指令，使用无顺序通信功能。RS2 指令可以通过指定通道，同时进行 4 个通道的通信。通信数据点数允许最多发送 4096 点数据，最多接收 4096 点数据。连接支持无协议串行通信的设备，就可以执行数据的通信。总延长距离最长为 1200m（仅限由 FX5U-485ADP 构成时）。

7.1.2 以太网通信

CPU 模块的内置以太网功能见表 7-1。

表 7-1　CPU 模块的内置以太网功能

功能	功能概要
与 MELSOFT 的直接连接	不使用集线器，用一根以太网电缆直接连接 CPU 模块与工程工具（GX Works3）。无须设定 IP 地址，仅连接指定目标即可进行通信
MELSOFT 连接	在局域网（LAN）内，与 MELSOFT 产品（GX Works3 等）进行通信
连接 CPU 搜索功能	对与使用 GX Works3 的计算机连接在同一集线器上的 CPU 模块进行搜索，从搜索结果中选择，从而获取 IP 地址
MELSOFT 的诊断功能	通过 GX Works3 对 CPU 模块的内置以太网端口进行诊断（以太网诊断）
SLMP 通信功能	从对方设备读出/写入数据
通信协议支持功能	通过使用通信协议支持功能，可以与对象设备进行数据通信
Socket 通信功能	通过 Socket 通信命令，可以与通过内置以太网端口连接的外部设备以 TCP/UDP 协议收发任意数据
远程口令	通过设置远程口令，防止来自外部的非法访问，从而加强安全性
IP 地址更改功能	从外围设备等将 IP 地址设置至特殊寄存器，并通过将特殊继电器置为 ON，从而更改 CPU 模块的 IP 地址

1. 与 MELSOFT 的连接

在 CPU 模块与工程工具（GX Works3）连接时，可以与工程工具直接连接，也可经由集线器连接。通过 GX Works3 的在线菜单中的【连接目标指定】设定。

在【可编程控制器侧 I/F CPU 模块详细设置】界面中，可对连接方式进行设置，如图 7-4 所示。

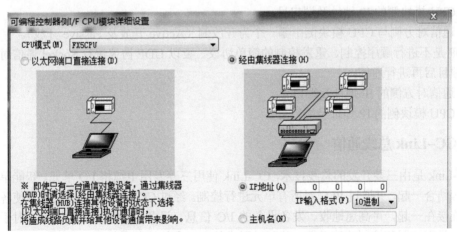

图 7-4　可编程控制器侧 I/F CPU 模块详细设置

2. SLMP 通信功能

SLMP（SeamLess Message Protocol）是使用以太网，通过外部设备（计算机及 GOT 等）访问支持 SLMP 设备所需的协议。FX5U PLC 的内置以太网端口可以通过 SLMP 的 3E 帧进行通信。可以使用 SLMP（3E 帧）从外部设备写入/读取 CPU 模块的软元件数据。通过软元件数据的写入/读取，可以使用外部设备进行 CPU 模块的动作监视及数据解析、生产管理等。

SLMP 的通信设置通过【导航】→【参数】→【FX5U CPU】→【模块参数】→【以太网端口】→【基本设置】实现，然后在【自节点设置】中进行【IP 地址设置】。进而通过【对象设备连接配置设置】，双击【详细设置】进入【以太网配置（内置以太网端口）】界面，将【模块一览】→【以太网设备（通用）】的【SLMP 连接设备】拖放到界面左侧。在【协议】中选择适合对方设备的协议（TCP 或 UDP），在【端口号】中设置本站端口号（设置范围：1025～4999、5010～65534）。注意：5000～5009 已被系统使用，请勿指定。

3．Socket 通信功能

Socket 通信是指通过 Socket 通信命令，与通过以太网连接的对方设备以 TCP/UDP 协议收发任意数据，如图 7-5 所示。

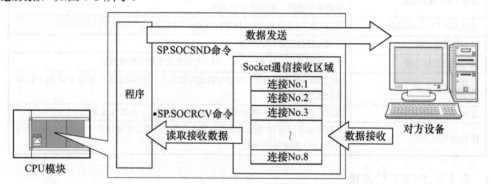

图 7-5　Socket 通信

TCP 是在对方设备的端口号间建立连接，从而进行可靠的数据通信的协议。要以 TCP 协议进行 Socket 通信时，应确认以下项目后再进行通信：

① 通信对方侧的 IP 地址及端口号；

② CPU 模块侧的 IP 地址及端口号；

③ 通信对方侧与 CPU 模块侧中哪一个为开放侧（Active 开放及 Passive 开放）。

UDP 是不进行顺序控制、重发控制的简单协议。要以 UDP 协议进行 Socket 通信时，应确认以下项目后再进行通信：

① 通信对方侧的 IP 地址及端口号；

② CPU 模块侧的 IP 地址及端口号。

7.1.3　CC–Link 总线通信

CC-Link 是由三菱开发的总线技术，CC-Link 使用三菱专用电缆将 I/O 单元、智能单元及特殊单元等结合一起，并通过 PLC 对所有单元进行控制。经过 CC-Link 总线连接技术使各个系统有机地连接在一起，可高速地收、发各设备的 I/O 信息、设备信息和设备数据等。对于合作厂家而言，只需设置和控制其软元件，就可以形成与之对应的控制系统。

CC-Link IE 现场网络是使用以太网的高速（1Gbps）、大容量、开放式现场网络。FX5U-CCLIEF 是将 FX5U CPU 模块作为 CC-Link IE 现场网络的智能设备站进行连接的智能功能模块。CC-Link IE 现场网络的接线支持星形连接、线形连接和环形连接。在 FX5U CPU 模块和 FX5U-CCLIEF 之间，可以使用 FROM/TO 指令通过缓冲存储器进行数据交换。此外，可以通过自动刷新功能替换内部软元件（X、Y、B、W、SB、SW 等）并在程序中使用，如图 7-6 所示。

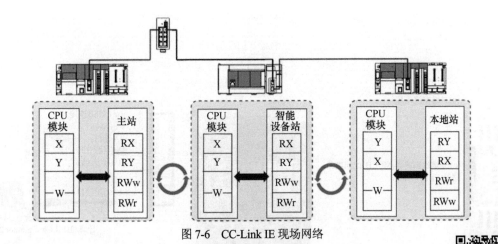

图 7-6   CC-Link IE 现场网络

7.2   变频器的控制与应用

变频器是变频技术与微电子技术的结合，通过改变电机电源的频率方式达到控制交流电机的目的。变频器主要由整流电路、滤波电路、逆变电路、制动单元、驱动单元、检测单元、微处理单元等组成。内部 IGBT（绝缘栅双极型晶体管）的开断是变频器用来调整输出电源的电压和频率的操作方式，根据生产中电机的实际需求来提供其所需要的电源电压，进而达到节能、调速的目的。

变频器在工业中的应用相当广泛，比如在纺织行业和钢铁行业用于卷绕控制、在建筑行业用于盾构机、在仓储行业和航运中用于起重机、在金属产品制造行业用于机床等。可以说，涉及电机的速度、转矩等方面的控制都需要变频器。变频器可分为电压型变频器和电流型变频器。电压型变频器是将电压源的直流变换为交流，直流回路的滤波采用电容。电流型变频器是将电流源的直流变换为交流，直流回路的滤波采用电感。变频器的主电路由整流器、平波回路和逆变器 3 部分构成，其中整流器将工频电源变换为直流功率，平波回路用于吸收在变流器和逆变器产生的电压脉动。

7.2.1   变频器的安装接线与基本操作

变频器与常用外围设备的接线可以参考图 7-7。常见的主回路是三相交流电源经断路器、电磁接触器、交流电抗器、噪声滤波器后接到变频器的电源输入（L1、L2、L3）。变频器的输出（U、V、W）接感应电机。控制回路通过接口（USB、RS-485 等）与上位机进行通信。

常见的变频器端子接线如图 7-8 所示。

主回路主要端子见表 7-2。控制回路端子输入信号见表 7-3，输出信号见表 7-4。端子记号的阴影部分根据 Pr.178～Pr.196（I/O 端子功能选择）选择端子功能。

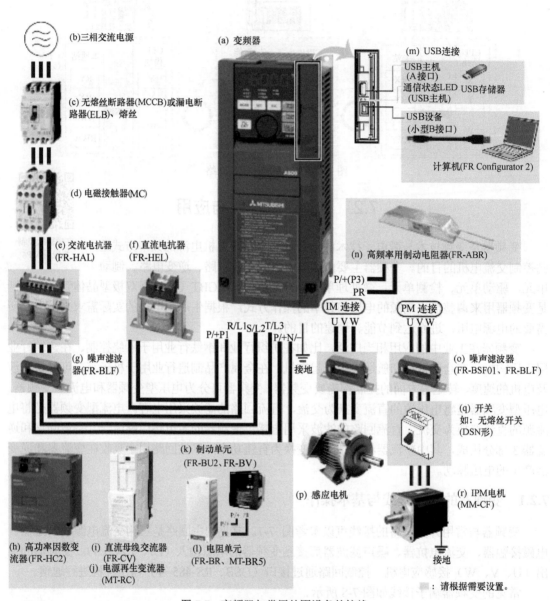

图 7-7　变频器与常用外围设备的接线

说明标注：

(b)三相交流电源

(a) 变频器

(c) 无熔丝断路器(MCCB)或漏电断路器(ELB)、熔丝

(d) 电磁接触器(MC)

(e) 交流电抗器(FR-HAL)

(f) 直流电抗器(FR-HEL)

(g) 噪声滤波器(FR-BLF)

(h) 高功率因数变流器(FR-HC2)

(i) 直流母线交流器(FR-CV)

(j) 电源再生变流器(MT-RC)

(k) 制动单元(FR-BU2、FR-BV)

(l) 电阻单元(FR-BR、MT-BR5)

(m) USB连接
USB主机(A接口)
通信状态LED(USB主机)
USB存储器
USB设备(小型B接口)
计算机(FR Configurator 2)

(n) 高频率用制动电阻器(FR-ABR)

(o) 噪声滤波器(FR-BSF01、FR-BLF)

(q) 开关　如：无熔丝开关(DSN形)

(p) 感应电机

(r) IPM电机(MM-CF)

IM 连接　U V W

PM 连接　U V W

P/+(P3)　PR

R/L1 S/L2 T/L3

P/+P1　P/+N/–

接地

：请根据需要设置。

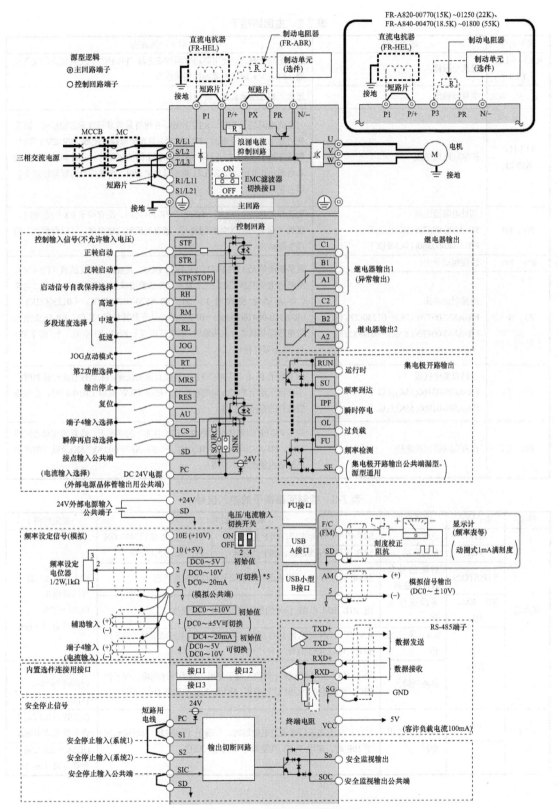

图 7-8 常见的变频器端子接线图

表 7-2 主回路端子

端子记号	端子名称	端子功能说明
R/L1、S/L2、T/L3	交流电源输入	连接工频电源。当使用高功率因数变流器（FR-HC2）及共直流母线变流器（FR-CV）时，不要连接任何东西
U、V、W	变频器输出	连接三相笼型电机或 PM 电机
R1/L11、S1/L21	控制回路用电源	与交流电源端子 R/L1、S/L2 相连。在保持异常显示或异常输出时，以及使用高功率因数变流器（FR-HC2）、共直流母线变流器（FR-CV）等时，需拆下端子 R/L1-R1/L11、S/L2-S1/L21 间的短路片，从外部对该端子输入电源。从 R1/L11、S1/L21 供给其他电源时，所需的电源容量根据变频器容量而异
P/+、PR	制动电阻器连接 FR-A820-00630(11K)及以下 FR-A840-00380(15K)及以下	将选件的制动电阻器连接在端子 PR-P/+之间。配有端子 PX 的容量时，需拆下端子 PR-PX 间的短路片。通过连接制动电阻器，可以得到更大的再生制动力
P/+、N/-	连接制动单元	连接制动单元（FR-BU2、FR-BU、BU）、共直流母线变流器（FR-CV）、电源再生变流器（MT-RC）及高功率因数变流器（FR-HC2）及直流电源（直流供电模式时）。为 FR-A820-00770(15K)～01250(22K)、FR-A840-00470(18.5K)～01800(55K)的产品并使用 FR-CV、FR-HC2 及直流电源等并联多台变频器时，应仅使用端子 P/+与 P3 中的一个（端子 P/+与 P3 不可并存）
P3、N/-	连接制动单元 FR-A820-00770(15K)～01250(22K) FR-A840-00470(18.5K)～01800(55K)	
P/+、P1	连接直流电抗器 FR-A820-03160(55K)及以下 FR-A840-01800(55K)及以下	拆下端子 P1-P/+间的短路片，连接直流电抗器。未连接直流电抗器时，不要拆下端子 P1-P/+间的短路片。使用 75kW 及以上的电机时，必须连接选件的直流电抗器
PR、PX	内置制动器回路连接	端子 PX-PR 间连接有短路片（初始状态）的状态下，内置的制动器回路有效。FR-A820-00490(7.5K)及以下、FR-A840-00250(7.5K)及以下的产品已配备内置制动器回路

表 7-3 控制回路端子的输入信号

种类	端子记号	端子名称	端子功能说明		额定规格
接点输入	STF	正转启动	STF 信号 ON 为正转，OFF 为停止	STF、STR 信号同时 ON 时，变成停止指令	输入电阻 4.7kΩ，开路时电压 DC21～27V，短路时 DC4～6mA
	STR	反转启动	STR 信号 ON 为逆转，OFF 为停止		
	STP(STOP)	启动信号自我保持选择	STOP 信号为 ON，可以选择启动信号的自我保持状态		
	RH，RM，RL	多段速度选择	用 RH，RM 和 RL 信号的组合可以选择多段速度		
	JOG	JOG 模式选择	JOG 信号 ON 时选择 JOG 运行（初始设定），用启动信号（STF 或 STR）可以 JOG 运行		
		脉冲列输入	端子 JOG 也可作为脉冲列输入端子使用。作为脉冲列输入端子使用时，有必要对 Pr.291 进行变更（最大输入脉冲数为 10^5 个脉冲 /s）		输入电阻 2kΩ，短路时 DC8～13mA
频率设定	10E	频率设定用电源	按出厂状态连接频率设定电位器时，与端子 10 连接。当连接到端子 10E 时，请用 Pr.73 变更端子 2 的输入规格		DC10V±0.4V，容许负载电流 10mA
	10				DC5V±0.5V，容许负载电流 10mA

种类	端子记号	端子名称	端子功能说明	额定规格
频率设定	2	频率设定（电压）	输入 DC0～5V（或 0～10V、0～20mA）时，当输入为 5V（或 10V、20mA）时有最大输出频率，输出频率与输入成正比。通过 Pr.73 进行 DC0～5V（出厂值）与 DC0～10V、0～20mA 的输入切换。电流输入（0～20mA）时，电流/电压输入切换开关设为 ON	电压输入的情况下:输入电阻10kΩ、±1kΩ，最大许可电压 DC20V 电流输入的情况下；输入电阻245Ω±5Ω，最大许可电流 30mA
	4	频率设定（电流）	如果输入 DC4～20mA（或 0～5V、0～10V），当输入为 20mA 时有最大输出频率，输出频率与输入成正比。只有 AU 信号置为 ON 时，此输入信号才有效（端子 2 的输入将无效）。通过 Pr.267 进行 4～20mA（出厂值）、DC0～5V、DC0～10V 的输入切换。电压输入（0～5V/0～10V）时，电流 / 电压输入切换开关设为 OFF。通过 Pr.858 进行端子功能的切换	

表 7-4　控制回路端子的输出信号

种类	端子记号	端子名称	端子名称		额定规格
继电器	A1，B1，C1	继电器输出 1（异常输出）	指示变频器因保护功能动作而停止输出的 1c 接点输出。异常时，B-C 间不导通（A-C 间导通）；正常时，B-C 间导通（A-C 间不导通）		接点容量：AC230V，0.3A DC30V，0.3A
	A2，B2，C2	继电器输出 2	1c 接点输出		
集电极开路	RUN	变频器运行中	变频器输出频率为启动频率（初始值 0.5Hz）及以上时为低电平，停止中和正在直流制动时为高电平		容许负载为 DC24V（最大 DC27V），0.1A（ON 时的最大电压降为 2.8V）。低电平表示集电极开路输出用的晶体管处于 ON（导通状态），高电平为 OFF（不导通状态）
	SU	频率到达	输出频率达到设定频率的 ±10%（初始值）时为低电平，加/减速和停止中为高电平	报警代码（4 位）输出	
	OL	过负载报警	当失速保护功能动作时为低电平，失速保护解除时为高电平		
	IPF	瞬时停电	瞬时停电、欠电压保护动作时为低电平		
	FU	频率检测	输出频率为任意设定的检测频率及以上时为低电平，未达到时为高电平		
	SE	集电极开路输出公共端	端子 RUN、SU、OL、IPF、FU 的公共端子		—
脉冲	FM	显示仪表用	可以从输出频率等多种监视项目中选一种作为输出。变频器复位中不输出。输出信号与各监视项目的大小成比例。监视输出频率、输出电流、转矩时的满刻度值通过 Pr.55、Pr.56、Pr.866 进行设定	输出项目：输出频率（初始设定）	容许负载电流2mA满刻度时 1440 个脉冲/s
		NPN 集电极开路输出		通过 Pr.291 的设定，可设定为集电极开路输出	最大输出5×10⁴个脉冲/s，容许负载电流80mA
模拟	AM	模拟电压输出		输出项目：输出频率（初始设定）	输出信号 DC0～±10V，容许负载电流 1mA（负载阻抗 10kΩ 以上），分辨率 8 位
	CA	模拟电流输出			负载阻抗 200Ω～450Ω输出信号 DC0～20mA

变频器通信端子分为 RS-485 和 USB 两类，其中 RS-485 可通过 PU 接口进行一对一连接通信，也可通过 RS-485 端子进行多站点通信。USB 接口分 A 接口和 B 接口，支持 USB1.1 和 USB2.0，数据传输速率为 12Mbps。

变频器安全停止信号端子主要包括 S1、S2、STC、SO 和 SOC。端子 S1 和 S2 是用于安全继电器单元的安全停止输入信号，STC 是 S1 和 S2 的公共端子，SO 是安全监视输出端子，SOC 是安全监视输出端子公共端。

如图 7-9 所示为三菱 FR-DU08 变频器的操作面板。该面板包含显示运行模式、显示操作面板状态、显示控制电机、显示频率单位、监视器、PLC 功能指示器、FWD/REV 键、STOP/RESET 键、M 旋钮、MODE 键、SET 键、ESC 键、PU/EXT 键，相关功能说明见表 7-5。

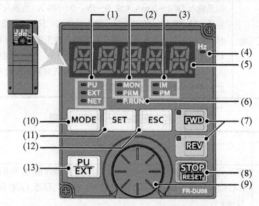

图 7-9　三菱 FR-DU08 变频器的操作面板

表 7-5　三菱 FR-DU08 变频器的操作面板功能

编号	名称	内容
（1）	显示运行模式	PU：PU 运行模式时亮灯 EXT：外部运行模式时亮灯（初始设定时，电源 ON 后即亮灯） NET：网络运行模式时亮灯 PU、EXT：外部/PU 组合运行模式时亮灯
（2）	显示操作面板状态	MON：监视模式时亮灯。保护功能动作时快速闪烁 2 次，显示屏关闭模式时缓慢闪烁 PRM：参数设定模式时亮灯
（3）	显示控制电机	IM：感应电机控制设定时亮灯 PM：PM 无传感器矢量控制设定时亮灯。试运行状态选择时闪烁
（4）	显示频率单位	频率显示时亮灯（设定频率监视显示时闪烁）
（5）	监视器（5 位 LED）	显示频率、参数编号等（通过设定 Pr.52、Pr.774～Pr.776，可以变更监视项目）
（6）	PLC 功能指示器	PLC 动作时亮灯
（7）	FWD/REV 键	FWD 键：正转启动。正转运行中 LED 灯亮 REV 键：反转启动。反转运行中 LED 灯亮 在以下场合 LED 灯闪烁： ● 有正转/反转指令却无频率指令时 ● 频率指令小于启动频率时 ● 有 MRS 信号输入时
（8）	STOP/RESET 键	停止运行指令。保护功能动作时，变频器进行复位
（9）	M 旋钮	变频器旋钮。变更频率设定、参数设定值 按下旋钮后，显示器可显示如下内容： ● 显示监视模式时的设定频率（可通过 Pr.992 进行变更） ● 显示校正时的设定值 ● 显示报警记录模式时的顺序
（10）	MODE 键	切换各模式。和 PU/EXT 键同时按下后，可切换至运行模式的简单设定模式；长按（2s）后，可进行操作锁定。Pr.161＝0（初始值）时，键锁定模式无效

编号	名称	内容
（11）	SET 键	确定各项设定。如果在运行中按下，监视内容将发生变化（通过设定 Pr.52、Pr.774～Pr.776，可以变更监视项目） 初始设定时：输出频率→输出电流→输出电压（循环）
（12）	ESC 键	返回前一个画面。长按将返回监视模式
（13）	PU/EXT 键	切换 PU 运行模式、外部运行模式。和 MODE 键同时按下后，可切换至运行模式的简单设定模式，也可停止 PU 运行模式

三菱 FR-DU08 变频器操作面板的基本操作如图 7-10 所示。

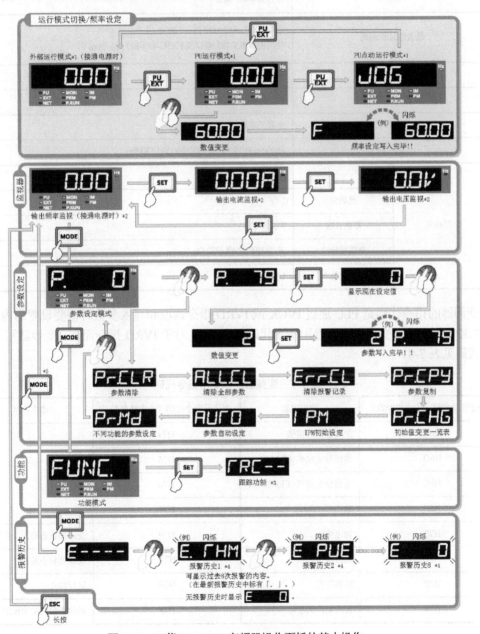

图 7-10   三菱 FR-DU08 变频器操作面板的基本操作

7.2.2 变频器与 PLC 的通信

FX5U CPU 对变频器的控制是通过 RS-485 的通信方式对变频器进行运行监控、各种指令及参数的读出、写入操作的。

变频器通信规格见表 7-6。

表 7-6　变频器通信规格

连接台数		最多 15 台
传送规格		符合 RS-485 规格
最大总延长距离		使用 FX5U-485ADP 时：1200m 以下 使用内置 RS-485 端口或 FX5U-485-BD 时：50m 以下
协议格式		变频器/通信
控制顺序		启、停同步
通信方式		半双工双向
波特率		4800/9600/19200/38400/57600/115200bps
字符格式	—	ASCII
	起始位	1 位
	数据长度	7 位/8 位
	奇偶校验位	无/奇校验位/偶校验位
	停止位	1 位/2 位

变频器的指令代码是 PLC 通过 IVCK 或 IVRD 指令读取和写入参数时需要设置的内容。对于 IVCK 指令而言，变频器读取专用指令代码见表 7-7；对于 IVRD 指令而言，变频器写入专用指令代码见表 7-8。

表 7-7　变频器读取专用指令代码

变频器指令代码（十六进制数）	读出内容	变频器指令代码（十六进制数）	读出内容
H6C	第 2 参数的切换	H74	
H6D	读出设定频率（RAM）	H75	异常内容
H6E	读出设定频率（EEPROM）	H76	
H6F	输出频率/转速	H77	
H70	输出电流	H79	变频器状态监控（扩展）
H71	输出电压	H7A	变频器状态监控
H72	特殊监控	H7B	运行模式
H73	特殊监控的选择	H7F	链接参数的扩展设定

表 7-8 变频器写入专用指令代码

变频器指令代码（十六进制数）	写入内容	变频器指令代码（十六进制数）	写入内容
HED	写入设定频率（RAM）	HFA	运行指令
HEE	写入设定频率（EEPROM）	HFB	运行模式
HF3	特殊监控的选择	HFC	参数的全部清除
HF4	异常内容的成批清除	HFD	变频器复位
HF9	运行指令（扩展）	HFF	链接参数的扩展设定

变频器可通过 RS-485 与 PLC 主机通信，如图 7-11 所示。

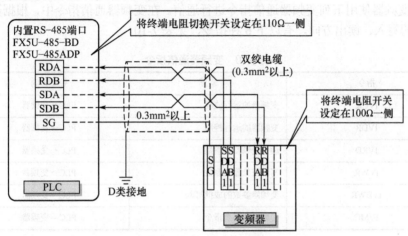

图 7-11 变频器通过 RS-485 与 PLC 主机通信

连接到 PLC 之前，需用变频器的 PU（参数设定模块）事先设定与通信有关的参数，见表 7-9。

表 7-9 变频器参数设定

Pr.	Pr.组	参数项目	设定值	设定内容
79	D000	选择运行模式	0	上电时外部运行模式
331	N030	RS-485 通信站号	0	最多可以连接 15 台
332	N031	RS-485 通信速率	48	4800bps
			96	9600bps
			192	19200bps
			384	38400bps
			576	57600bps
			1152	115200bps
333	—	RS-485 通信停止位长度/数据长度	10	数据长度：7 位，停止位：1 位
	N032	RS-485 通信数据长度	1	数据长度为 7 位
	N033	RS-485 通信停止位长度	0	停止位为 1 位
334	N034	选择 RS-485 通信奇偶校验	2	偶校验

Pr.	Pr.组	参数项目	设定值	设定内容
337	N037	RS-485 通信等待时间的设定	9999	在通信数据中设定
340	D001	选择通信启动模式	1	网络运行模式
341	N038	选择 RS-485 通信的 CR/LF	1	CR: 有/LF: 无
549	N000	选择协议	0	三菱变频器（计算机连接）协议

PLC 侧需要通过 GX Works3 设定参数，在【导航】→【参数】→【FX5U CPU】→【模块参数】→【485 串行】中将协议格式选择为"变频器通信"。

PLC 与变频器使用下列变频器通信指令进行通信。在变频器通信指令中，根据数据通信的方向和参数的写入、读出方向，有以下 6 种指令，见表 7-10。

表 7-10 变频器通信指令

指令	功能	控制方向
IVCK	变频器的运行监视	PLC←变频器
IVDR	变频器的运行控制	PLC→变频器
IVRD	读出变频器的参数	PLC←变频器
IVWR	写入变频器的参数	PLC→变频器
IVBWR	变频器参数的成批写入	PLC→变频器
IVMC	变频器的多个指令	PLC↔变频器

IVCK 指令用于 PLC 中读出变频器的运行状态，其功能是对于通信通道 n 中所连接的变频器的站号（s1），在（d1）中读出对应（s2）的指令代码的变频器运行状态。如图 7-12 所示，在 PLC（通道 1）中读出变频器（站号 0）的状态（H7A），并将读出值保存在 M100~M107 中。读出内容：变频器运行中=M100、正转中=M101、反转中=M102、发生异常=M107。

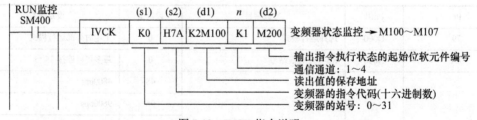

图 7-12 IVCK 指令说明

IVDR 指令用于 PLC 中写入变频器运行所需的设定值。对于通信通道 n 中所连接的变频器的站号（s1），将（s2）的指令代码写入（s3）设定值。如图 7-13 所示，将启动时的初始值设为 60Hz，通过 PLC（通道 1），利用切换指令对变频器（站号 3）的运行速度（HED）进行速度 1（40Hz）、速度 2（20Hz）的切换。写入内容：D10=运行速度（初始值：60Hz，速度 1:40Hz，速度 2:20Hz）。

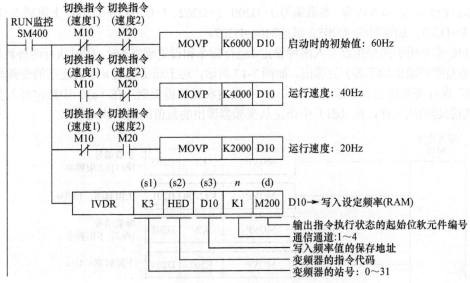

图 7-13 IVDR 指令说明

IVRD 指令用于 PLC 中读出变频器的参数，从通信通道 n 中所连接的变频器的站号（s1），在（d1）中读出参数编号（s2）的值。如图 7-14 所示，在 PLC（通道 1）中，在保存用软元件中读出变频器（站号 6）端子 2 频率设定的偏置频率的参数值。

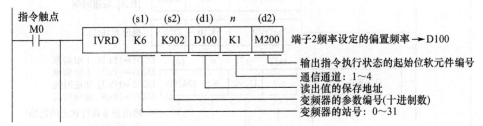

图 7-14 IVRD 指令说明

IVWR 指令用于从 PLC 向变频器写入参数值，在通信通道 n 中所连接的变频器的站号（s1）的参数编号（s2）中写入（s3）的值。如图 7-15 所示，针对变频器（站号 6），从 PLC（通道 1）端子 2 频率设定的偏置频率的参数中写入设定值。

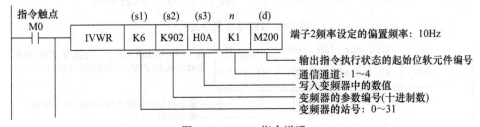

图 7-15 IVWR 指令说明

IVBWR 指令用于成批地写入变频器的参数。对于通信通道 n 中所连接的变频器的站号（s1），以（s3）中指定的字软元件为起始，在（s2）中指定的点数范围内，连续写入要写入的参数编号及写入值（2 个字/1 点）（写入个数没有限制）。如图 7-16 所示，从 PLC（通道 1）向变频器（站号 5）写入上限频率（Pr.1）:120Hz、下限频率（Pr.2）:5Hz、加速时间（Pr.7）:1s、减速时间（Pr.8）：1s。写入内容：参数编号 1=D200、2=D202、7=D204、8=D206、上限频率=D201、下限频率=D203、加速时间=D205、减速时间=D207。

　　IVMC 指令用于向变频器写入两种设定（运行指令和设定频率）时，同时执行两种数据（变频器状态监控和输出频率等）的读出。如图 7-17 所示，对于通信通道 n 中所连接的变频器的站号（s1），执行变频器的多个指令。在（s2）中指定收发数据类型，在（s3）中指定写入变频器中的数据的起始软元件，在（d1）中指定从变频器读出的数值的起始软元件。

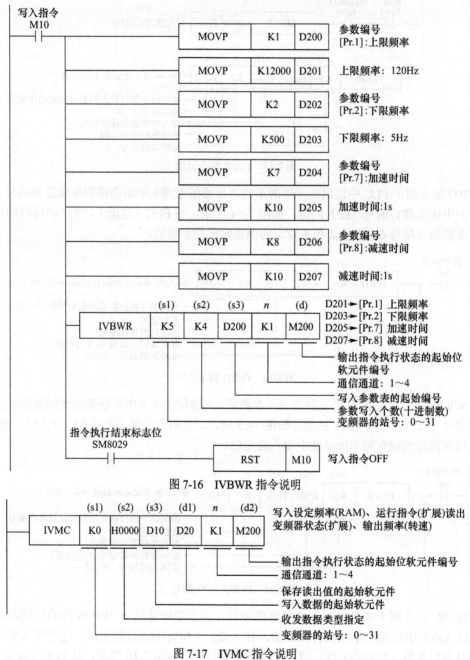

图 7-16　IVBWR 指令说明

图 7-17　IVMC 指令说明

7.3 伺服电机的控制与应用

伺服电机的控制与应用 MP4

7.3.1 伺服电机与 PLC 的速度和转矩控制

伺服电机运行分为 3 种控制模式：位置控制模式、速度控制模式和转矩控制模式，根据实际的工业运用情况，分别选用不同伺服电机控制模式。一般来讲，对电机速度、位置都没有要求，只需要输出恒转矩，就用转矩控制模式。如果对速度精度要求较高且上位机有较好的闭环控制功能，则选用速度控制模式。位置控制模式对位置和速度都有要求，一般用于定位控制。PLC 对伺服电机的速度和转矩控制采用分别对伺服电机相对应的 I/O 端子进行配线，选择控制模式，然后通过发送模拟量来实现。

1. 速度控制模式

速度控制模式主要的信号连接如图 7-18 所示，FX5U CPU 模块通过模拟量输入 VC 端电压信号，将 EM2 和 SON 开启，使得进入伺服 ON 状态，同时将 LSP、LSN 开启。进一步通过 FX5U CPU 模块输入模拟量至 VC，将 ST1 或 ST2 开启后，实现伺服电机的速度控制。使用速度控制模式需根据要求变更伺服电机的基本参数和扩展设置参数，更多参数设置详见伺服电机的技术资料。

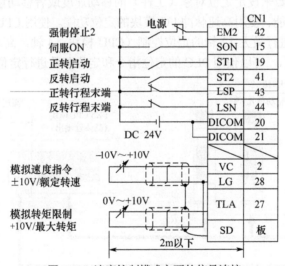

图 7-18　速度控制模式主要的信号连接

2. 转矩控制模式

转矩控制模式主要的信号连接如图 7-19 所示，FX5U CPU 模块通过模拟量输入 TC 端电压信号，将 SON 开启，进入伺服 ON 状态后，FX5U CPU 模块通过模拟量输入 TC，同时将 RS1 或 RS2 开启后，实现伺服电机的转矩控制。使用转矩控制模式需根据要求变更伺服电机的基本参数和扩展设置参数，更多参数设置详见伺服电机的技术资料。

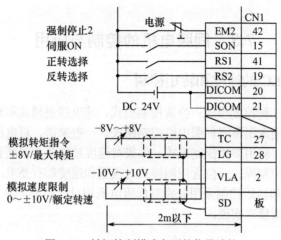

图 7-19 转矩控制模式主要的信号连接

7.3.2 伺服电机与 PLC 的定位控制

FX5U CPU 模块（晶体管输出）及高速脉冲 I/O 模块可以向伺服电机、步进电机等输出脉冲信号，采用伺服电机的位置控制模式，从而进行定位控制。脉冲数的多少决定电机转动的角度。用脉冲频率、脉冲数来设定定位对象（工件）的移动速度或者移动量。定位功能包括使用 CPU 模块 I/O 的定位功能、使用高速脉冲 I/O 模块的定位功能。使用 CPU 模块 I/O 和高速脉冲 I/O 模块的定位功能可进行最大 12 轴的定位控制（CPU 模块：4 轴，高速脉冲 I/O 模块：2 轴 ×4 台），如图 7-20 所示。可以使用 PLC 的定位指令和定位参数进行定位控制。脉冲输出方法

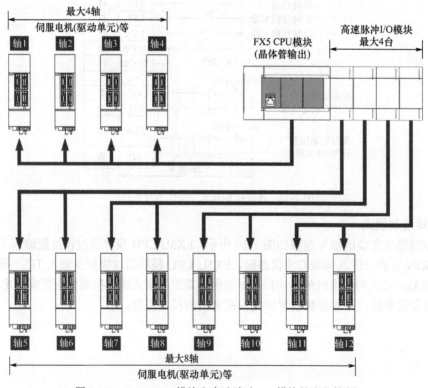

图 7-20 FX5U CPU 模块和高速脉冲 I/O 模块的定位控制

有脉冲方向（PULSE/SIGN）模式和顺时针/逆时针（CW/CCW）模式。通用输出可输出 200kpps 的脉冲串。通过组合定位指令和定位参数，可进行各种各样的运动控制，包括 JOG 运行、机械原点回归、高速原点回归、1 速定位、2 速定位、多段速运行、中断停止、中断 1 速定位、中断 2 速定位、可变速度运行、简易直线插补运行、表格运行等。

实现定位控制的步骤如下：

1. 定位功能的规格确认

定位功能的规格主要包含性能规格、输入规格、输出规格及控制功能、辅助功能和连接设备的规格。FX5U CPU 模块可以从 Y0~Y3 输出 4 路高速脉冲，每路高速脉冲 I/O 模块可控制 1 轴（台），可连接最多 4 轴，输出最大频率为 200kpps；可以对停止指令、原点回归、ABS 读取、外部开始信号、中断输入信号 1 和 2、正转限位和反转限位进行输入分配，并且对脉冲输出端、旋转方向信号和清除信号进行输出分配。控制模式包含原点回归控制和定位控制及辅助功能。

2. 系统构成、选择及接线

如图 7-21 所示为 FX5U CPU 模块与三菱 MR-J3 系列伺服放大器的接线图，构成绝对位置检测系统。有关伺服放大器的 CN1 引脚定义可参看伺服放大器的技术资料。

3. PLC 软件参数设定

通过 GX Works3 进行参数设定，包含设定方法、参数详细内容、表格设定方法及控制方式的动作等。基本设定的项目对应各轴的定位参数，具体在【导航】→【参数】→【FX5U CPU】→【模块参数】→【高速 I/O】→【输出功能】→【定位】→【详细设置】→【基本设置】中设置，如图 7-22 所示。设置完成后，可通过【导航】→【参数】→【FX5U CPU】→【模块参数】→【高速 I/O】→【输入确认】→【定位】确认输入软元件（X）的使用状况，通过【导航】→【参数】→【FX5U CPU】→【模块参数】→【高速 I/O】→【输出确认】→【定位】确认输出软元件（Y）的使用状况。

4. 编写 PLC 程序

在通过 GX Works3 创建程序之前，需要先了解各定位指令的详细内容、通用事项和编程时的注意事项等。FX5U CPU 模块的定位指令包括：

（1）脉冲指令

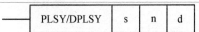

s：指令速度或存储了数据的字软元件编号。

n：定位地址或存储了数据的字软元件编号。

d：输出脉冲的位软元件编号。

（2）机械原点回归

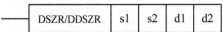

s1：原点回归速度或存储了数据的字软元件编号。

s2：爬行速度或存储了数据的字软元件编号。

d1：输出脉冲的轴编号。

d2：指令执行结束、异常结束标志位的位软元件编号。

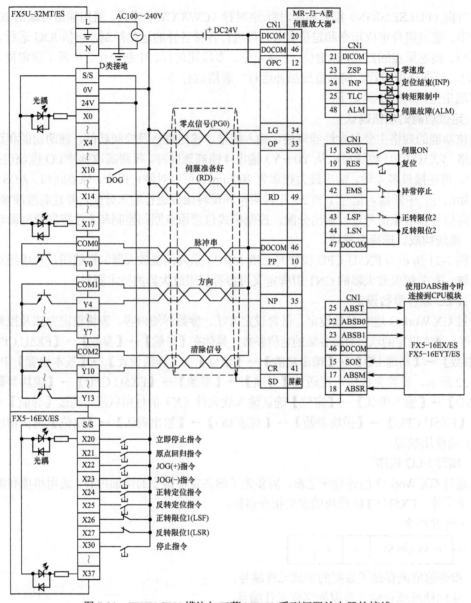

图 7-21　FX5U CPU 模块与三菱 MR-J3 系列伺服放大器的接线

（3）相对定位

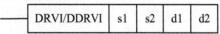

| DRVI/DDRVI | s1 | s2 | d1 | d2 |

s1：定位地址。s2：指令速度。

d1：输出脉冲的轴编号。

d2：定位结束、异常结束标志的位软元件编号。

（4）绝对定位

| DRVA/DDRVA | s1 | s2 | d1 | d2 |

参数含义同（3）相位定位。

项目	轴1	轴2	轴3	轴4
基本参数1	设置基本参数1。			
脉冲输出模式	2CW/CCW	1:PULSE/SIGN	0:不使用	1:PULSE/SIGN
输出软元件(PULSE/CW)	Y0	Y1		Y3
输出软元件(SIGN/CCW)	Y2	Y5		Y7
旋转方向设置	0:通过正转脉冲输出增加当前地址	1:通过反转脉冲输出增加当前地址	0:通过正转脉冲输出增加当前地址	0:通过正转脉冲输出增加当前地址
单位设置	0:电机系统(pulse, pps)	1:机械系统(um, cm/min)	0:电机系统(pulse, pps)	2:机械系统(0.0001 inch, inch/min)
每转的脉冲数	2000 pulse	3000 pulse	2000 pulse	2000 pulse
每转的移动量	1000 pulse	2000 um	1000 pulse	1000×0.0001 inch
位置数据倍率	1:×1倍	1:×1倍	1:×1倍	10:×10倍
基本参数2	设置基本参数2。			
插补速度指定方法	1:基准轴速度	0:合成速度	0:合成速度	0:合成速度
最高速度	120000 pps	200000 cm/min	100000 pps	150000 inch/min
偏置速度	1500 pps	1800 cm/min	0 pps	1000 inch/min
加速时间	1000 ms	1000 ms	100 ms	1000 ms
减速时间	100 ms	100 ms	100 ms	100 ms
详细设置参数	设置详细设置参数。			
外部开始信号 启用/禁用	0:禁用	0:禁用	0:禁用	1:启用
外部开始信号 软元件号	X0	X0	X0	X6
外部开始信号 逻辑	0:正逻辑	0:正逻辑	0:正逻辑	0:正逻辑
中断输入信号1 启用/禁用	0:禁用	0:禁用	0:禁用	1:启用
中断输入信号1 模式	0:高速模式	0:高速模式	0:高速模式	1:标准模式
中断输入信号1 软元件号	X0	X0	X0	X2
中断输入信号1 逻辑	0:正逻辑	0:正逻辑	0:正逻辑	0:正逻辑
中断输入信号2 逻辑	0:正逻辑	0:正逻辑	0:正逻辑	1:负逻辑
原点回归参数	设置原点回归参数。			
原点回归 启用/禁用	1:启用	1:启用	0:禁用	0:禁用
原点回归方向	0:正方向(地址增加方向)	1:负方向(地址减少方向)	0:负方向(地址减少方向)	1:负方向(地址减少方向)
原点地址	100 pulse	-10000 um	0 pulse	0×0.001 inch
清除信号输出 启用/禁用	1:启用	1:启用	1:启用	1:启用
清除信号输出 软元件号	Y10	Y11	Y0	Y0
原点回归停留时间	0 ms	100 ms	0 ms	0 ms
近点DOG信号 软元件号	X7	X10	X0	X0
近点DOG信号 逻辑	0:正逻辑	1:负逻辑	0:正逻辑	0:正逻辑
零点信号 软元件号	X4	X5	X0	X0
零点信号 逻辑	0:正逻辑	1:负逻辑	0:正逻辑	0:正逻辑
零点信号 原点回归零点信号数	1	1	1	1
零点信号 计数开始时间	0:近点DOG后端	1:近点DOG前端	0:近点DOG后端	0:近点DOG后端

图 7-22　定位参数的设置

（5）中断 1 速定位

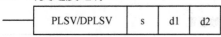

s1：中断输入后的定位地址。s2：指令速度。

d1：输出脉冲的轴编号。

d2：定位结束、异常结束标志位的位软元件编号。

（6）可变速度运行

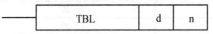

s：指令速度或存储了数据的字软元件编号。

d1：输出脉冲的轴编号。

d2：指令执行结束、异常结束标志位的位软元件编号。

（7）单独表格运行

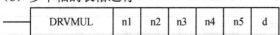

d：输出脉冲的轴编号。n：执行的表格编号。

（8）多个轴的表格运行

	DRVMUL	n1	n2	n3	n4	n5	d

n1：起始轴编号。n2～n5：轴 1～4 的编号。

d：指令执行结束、异常结束标志位的位软元件编号。

（9）绝对位置检测系统

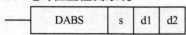

| | DABS | s | d1 | d2 |

s：对来自伺服放大器的绝对值（ABS）数据用输出信号进行输入的软元件的起始编号。

d1：对向伺服放大器输出绝对值（ABS）数据用控制信号的软元件的起始编号。

d2：保存绝对值（ABS）数据（32 位）的保存软元件编号。

5．位置控制实例

以三菱 MR-J3-A 型伺服放大器为例，利用 PLC 实现伺服放大器启动、复位、紧急停止及相对定位的控制。PLC 与伺服放大器的接线如图 7-23 所示。

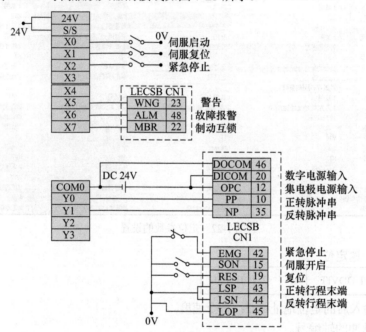

图 7-23　PLC 与伺服放大器的接线

在 MRConfigurator2 软件中对相应的伺服参数进行设置，设置参数见表 7-11。

表 7-11　伺服参数设置

参数号	参数含义/设置含义	设置值
PA19	参数写入禁止/允许写入	000C
PA01	控制模式/转矩位置	0005
PA06	电子齿轮分子	65536
PA07	电子齿轮分母	125
PC05	内部速度限制	20
PC13	模拟转矩最大输出	50
PD01	输入信号自动为 ON	0000
PD13	CN-22/MBR	0005
PA13	脉冲指令输入形式	0001
PA04	电磁互锁选择	0001

经过相关设置可实现伺服电机的手动正/反转、定位及原点回归功能，梯形图如图 7-24 所示。

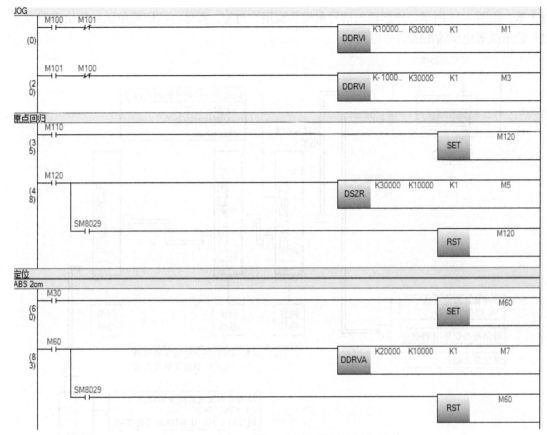

图 7-24 手动正/反转、定位及原点回归梯形图

7.3.3 简单运动模块的应用

配合三菱的简单运动模块 FX5U-40SSC-S 可以实现 PLC 对伺服电机的控制，主要包括原点复位、主要定位控制、高级定位控制、手动控制和扩展控制等功能。

其中，系统上电或定位停止时，系统坐标位于原点以外的位置需复位到原点，使用原点复位功能，即在定位控制时确立起点位置后，向该起点进行定位的功能。

主要定位控制功能是使用存储在简单运动模块内的定位数据进行控制，位置和速度控制通过设置定位数据中的必要项目，启动后即可实现。

高级定位控制功能是在简单运动模块内的定位数据控制的基础上，使用"块启动数据"来执行的。可以进行如下的应用性定位控制：按程序逻辑要求将若干个连续的定位数据按"块"进行处理，完成指定定位任务；对位置和速度控制等加上逻辑条件判断后执行；同时启动多个轴的定位数据；重复执行指定的定位数据。

简单运动模块也可以通过手动控制接收外部输入信号，进而进行任意定位动作。运用同步控制参数，将使用齿轮、轴、变速机和凸轮的实际机械替换为软件控制，通过一个输入轴进行同步。

利用简单运动模块主要按照如下步骤实现：

1. 模块的安装与配线

将简单运动模块安装到 CPU 模块上，简单运动模块与 CPU 模块有专门的连接，可方便连接。对简单运动模块与外部设备进行连线，采用三菱 SSCNET Ⅲ电缆连接简单运动模块和伺服放大器，如图 7-25 所示。外部输入信号电缆需要用户自配，具体可按照简单运动模块手册制作差分输出或者电压输出的信号电缆。

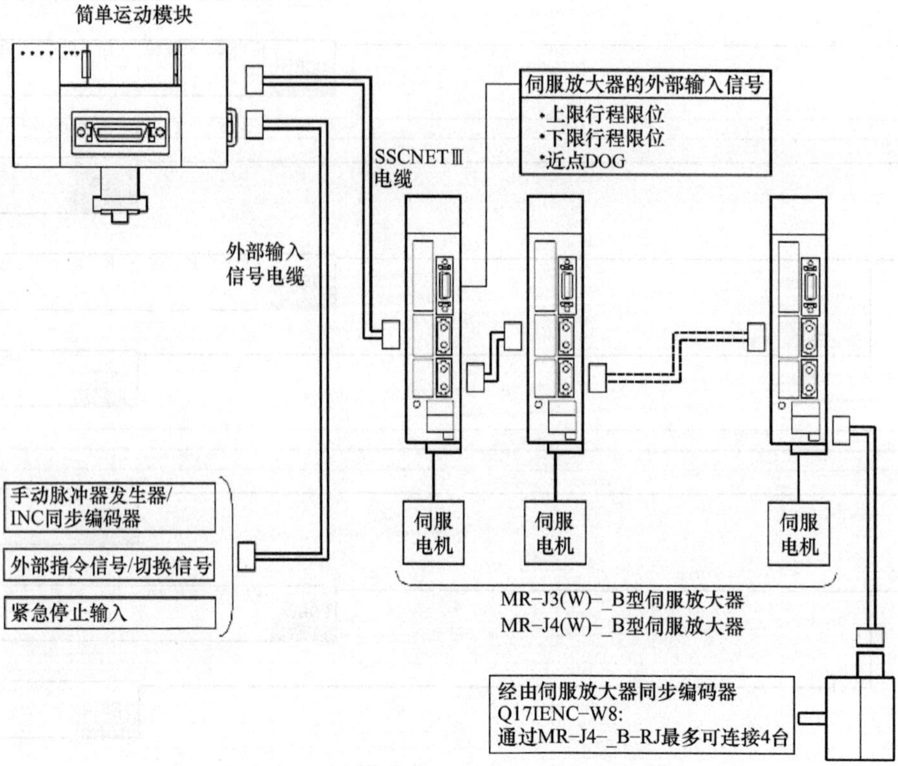

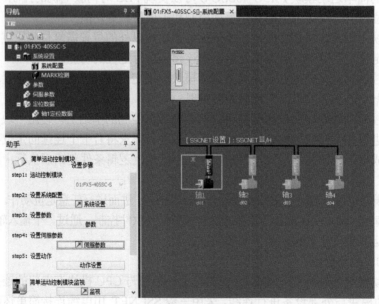

图 7-25　简单运动模块与伺服放大器及外部设备连接示意图

2．添加模块并设置参数

使用工程工具将 FX5-40SSC-S 添加到工程的模块配置图上，如图 7-26 所示。

图 7-26　简单运动模块配置

使用工程工具进行模块设置，对简单运动模块的系统配置、参数进行初始设置，进一步设置简单运动模块的定位数据。尽管该步骤也可以通过编程实现，然而通过工程工具设置直观明了。在 GX Works3 中对简单运动模块的参数进行设置，如图 7-27 所示。

图 7-27　简单运动模块参数设置

同时，无须打开 MR Configurator2 软件，就可以方便地对伺服参数进行设置，如图 7-28 所示。

No.	简称	名称	单位	设置范围	轴1
PA01	**STY	制造商设置用		0000-1000	1000
PA02	**REG	再生选件		0000-00FF	0000
PA03	*ABS	绝对位置检测系统		0000-0001	0000
PA04	*AOP1	功能选择A-1		0000-2100	2000
PA05	*FBP	制造商设置用		10000-10000	10000
PA06	*CMX	制造商设置用		1-1	1
PA07	*CDV	制造商设置用		1-1	1
PA08	ATU	自动调谐模式		0000-0004	0001
PA09	RSP	自动调谐响应性		1-40	16
PA10	INP	到位范围	pulse	0-65535	100
PA11	TLP	制造商设置用		0.0-1000.0	1000.0
PA12	TLN	制造商设置用		0.0-1000.0	1000.0
PA13	AOP2	制造商设置用		0000-0000	0000
PA14	*POL	旋转方向选择		0-1	0
PA15	*ENR	制造商设置用		0-0	0
PA16	*ENR2	制造商设置用		0-0	0
PA17	**MSR	制造商设置用		0000-0000	0000
PA18	**MTY	制造商设置用		0000-0000	0000

图 7-28　伺服参数设置

简单运动模块通过定位数据来实现定位控制，每个定位数据都有一个编号。定位数据设置如图 7-29 所示。

No.	运行模式	控制方式	插补对象轴	加速时间号	减速时间号	定位地址	圆弧地址	指令速度	停留时间	M代码
1	0:结束 ＜定位注释＞	01h:ABS 直线1	-	0:1000	0:1000	0 pulse	0 pulse	2000 pulse/s	0 ms	0
2	0:结束 ＜定位注释＞	04h:正转 速度1		0:1000	0:1000	0 pulse	0 pulse	1000 pulse/s	0 ms	0
3	0:结束 ＜定位注释＞	06h:正转 速度·位置		0:1000	0:1000	0 pulse	0 pulse	3000 pulse/s	0 ms	0
4	＜定位注释＞									
5	＜定位注释＞									
6	＜定位注释＞									

图 7-29　定位数据设置

3. 编程

数据的设置（各种参数、定位数据、块启动数据）建议尽量通过工程工具进行。通过程序进行设置的情况下将需要使用大量的程序及软元件，因此复杂且延长扫描时间。了解、熟悉简单运动模块的缓冲存储器的定义及地址（见表 7-12），按需分配软元件，根据使用的软元件，可更改模块访问软元件、外部输入、内部继电器、数据寄存器和定时器。

表 7-12 简单运动模块的缓冲存储器的定义及地址

软元件名称	轴 1	轴 2	轴 3	轴 4	用途	软元件 ON 时的内容
简单运动模块的缓冲存储器地址	U1/G31500.0				准备完毕信号	准备完毕
	U1/G31500.1				同步标志	可以访问缓冲存储器
	U1/G2417.C				M 代码 ON 信号	M 代码输出中
	U1/G2417.D	——			出错检测信号	出错检测
	U1/G31501.D				BUSY 信号	BUSY（运行中）
	U1/G2417.E				启动完毕信号	启动完成
	U1/G2417.F				定位完毕信号	定位完成
	U1/G5950				PLC 就绪信号	CPU 模块准备完成
	U1/G5951				全部轴伺服 ON 信号	全部轴伺服 ON 信号
	U1/G30100				轴停止信号	停止请求中
	U1/G30101				正转 JOG 启动信号	正转 JOG 启动中
	U1/G30102	——			反转 JOG 启动信号	反转 JOG 启动中
	U1/G30103				禁止执行请求	禁止执行
	U1/G30104				定位启动信号	启动请求中

根据需要创建程序，可实现启动及停止、原点复位控制、主要定位控制、高级定位控制、手动控制、扩展控制等多种功能。

习 题 7

7-1 PLC 常见工业控制的通信模式包括串行通信、_____、_____、Modbus 通信、ASI 通信、_____、_____及 CANOpen 通信。

7-2 CC-Link 是由三菱开发的先进的总线技术，CC-Link 使用三菱专用电缆将_____、_____及_____等结合一起，并通过 PLC 对所有单元进行控制。

7-3 变频器的指令代码是 PLC 通过_____或_____指令监控和读取参数时需要设置的内容。

7-4 连接到 PLC 之前，需用变频器的_____事先设定与通信有关的参数。

7-5 FX5U CPU 模块的_____及_____可以向伺服电机、步进电机等输出脉冲信号，从而进行定位控制。

7-6 FX5U CPU 模块的相对定位指令是_____。

7-7 简单运动模块 FX5-40SSC-S 可以实现 PLC 对伺服电机的控制，主要功能包括原点复位、_____、高级定位控制、_____和扩展控制。

第8章　PLC控制系统设计

组态王是新型的工业监控软件，能以动画的方式显示控制设备的状态，从而极大地提高设计效率。本章主要介绍组态王的基本功能、三菱 FX5U PLC 与组态王通信、PLC 控制系统设计等内容，并结合自动化立体仓库控制系统设计的实例详细介绍整个设计流程。

8.1　三菱 FX5U PLC 与组态王通信

8.1.1　组态王概述

组态王（Kingview）是一款通用的工业监控软件，它将过程控制设计、现场操作及企业资源管理融于一体，将一个企业内部的各种生产系统和应用及信息交流汇集在一起，实现最优化管理。组态王基于 Microsoft Windows 操作系统，在企业网络的所有层次的各个位置上，用户都可以及时获得网络的实时信息。采用组态王开发工业监控工程，可以极大地提高生产控制能力，提高产品的质量，减少成本及原材料的消耗。组态王适用于从单一设备的生产运营管理和故障诊断，到网络结构分布式大型集中监控管理系统的开发。

组态王软件结构由工程管理器、工程浏览器、运行系统和信息窗口 4 部分构成。其中，运行系统是工程运行界面，从采集设备中获得通信数据，并依据工程浏览器的动画设计显示动态画面，实现人与控制设备的交互操作。信息窗口用来显示和记录组态王开发与运行系统在使用期间的主要日志信息。下面主要介绍工程管理器和工程浏览器。

1. 工程管理器

在组态王中，建立的每个组态称为一个工程。每个工程反映到操作系统中是一个包括多个文件的文件夹。工程的建立则通过工程管理器实现。

组态王的工程管理器是用来建立新工程，对添加到工程管理器的工程做统一的管理。工程管理器的主要功能包括：新建、删除工程，对工程重命名，搜索组态王工程，修改工程属性，工程备份、恢复，数据词典的导入、导出，切换到组态王开发或运行环境等。

打开 Kingview，启动后的工程管理器窗口如图 8-1 所示，工程管理器的部分按钮功能见表 8-1。

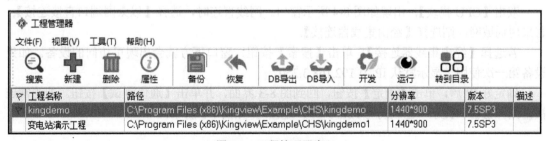

图 8-1　工程管理器窗口

表 8-1　工程管理器的部分按钮功能

按键	功能
DB 导出	将组态王数据词典中的变量导出到 EXCEL 表格中，用户可在 EXCEL 表格中查看或修改变量的属性
DB 导入	将 EXCEL 表格中编辑好的数据或利用【DB 导出】命令导出的变量导入组态王数据词典中
开发	在工程列表区中选择任一工程后，单击此按钮进入工程的开发环境
运行	在工程列表区中选择任一工程后，单击此按钮进入工程的运行环境

2. 工程浏览器

工程浏览器是组态王的集成开发环境，和 Windows 的资源管理器类似，主要由菜单栏、工具栏、工程目录显示区、目录内容显示区、状态条等组成。工程目录显示区以树形结构图显示大纲项节点，用户可以扩展或收缩工程浏览器中所列的大纲项。

双击工程管理器中所需要打开的工程，就可以进入对应的工程浏览器窗口，如图 8-2 所示。

图 8-2　工程浏览器窗口

8.1.2　三菱 FX5U PLC 与组态王通信实例

首先打开 GX Works3，新建工程，选取与 PLC 对应的系列和机型，程序语言按情况选定。接下来，按以下步骤完成三菱 FX5U PLC 与组态王的通信设置。

1. 连接目标指定

单击 GX Works3 软件界面中的【在线】→【当前连接目标】→【其他连接方法】，在图 8-3 所示的【连接目标指定】界面默认选取【以太网插板】、【CPU 模块】和【无其他站指定】。

2. 通信设置与测试

双击【CPU 模块】，出现如图 8-4 所示窗口。网线直连时，选择【以太网端口直接连接】；若采用局域网，则选择【经由集线器连接】。

若选择【经由集线器连接】，单击【搜索】按钮，窗口下方就会出现可访问的设备。如果设备第一次使用，显示默认 IP 为 192.168.3.250。

确定好 IP 后，单击【确定】按钮，回到图 8-3 界面，并单击【通信测试】按钮。若正常连接，则弹出窗口提示"已成功与 FX5U CPU 连接"，如图 8-5 所示。

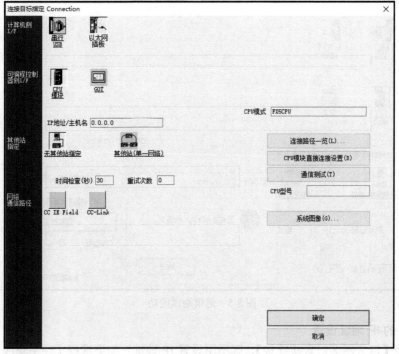

图 8-3   连接目标指定

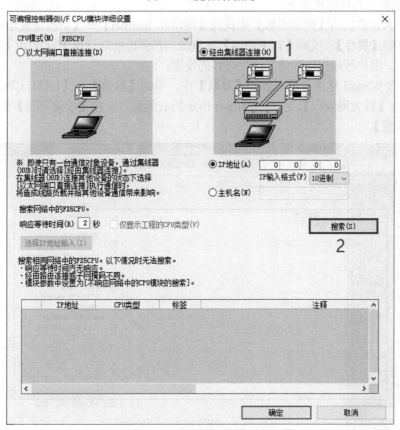

图 8-4   CPU 模块详细设置

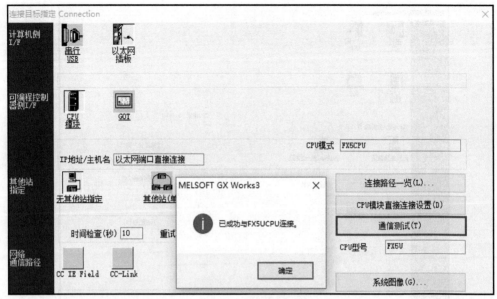

图 8-5　通信测试成功

3. PLC 的 IP 地址设置

如果选择【以太网端口直接连接】，则不用设置 IP 地址；如果选择【经由集线器连接】，则需要设定 IP 地址。具体操作如下：

（1）在个人计算机的【控制面板】中找到【网络和 Internet】→【更改适配器设置】，右击【以太网】，单击【属性】，找到【TCP/IPv4】并双击，在弹出的对话框中设置 IP 地址、子网掩码和默认网关。用户可根据实际情况进行具体的设置。

（2）在 GX Works3 软件界面左侧的【导航】中，单击【参数】→【FX5U CPU】→【模块参数】，再双击【以太网端口】，出现如图 8-6 所示的右侧窗口。在【设置项目】里设置同网段的【IP 地址设置】。

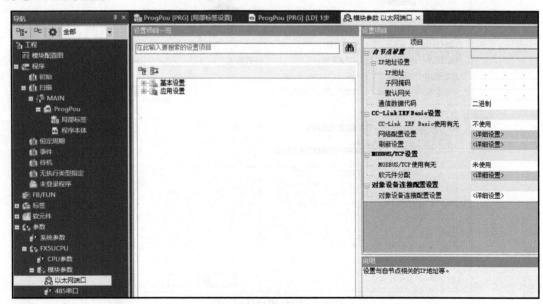

图 8-6　设定 IP

（3）输入 IP 地址后，双击图 8-7 中【对象设备连接配置设置】中的【详细设置】。

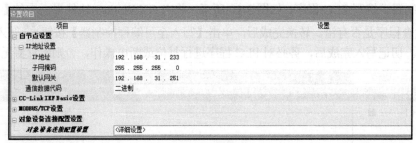

图 8-7　设置项目

（4）如图 8-8 所示，在窗口右侧选择【以太网设备（通用）】→【SLMP 连接设备】，输入【端口号】。建议端口号用 4000 以上。

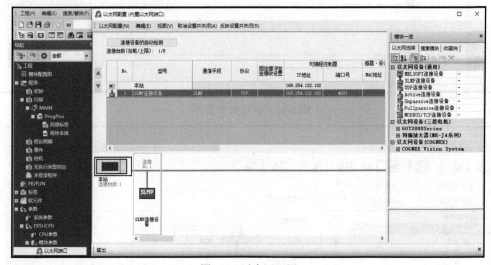

图 8-8　以太网配置

（5）设置完端口后，关闭此窗口，切记在图 8-9 所示的【设置项目】下方单击【检查】按钮，再单击【应用】按钮。

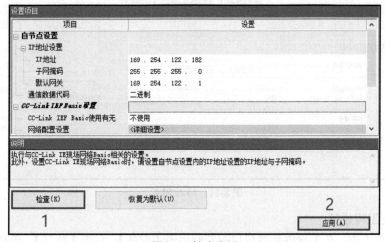

图 8-9　检查应用

4．PLC 程序编写

根据控制要求编写 PLC 程序，如图 8-10 所示。单击 GX Works3 软件界面中的【全部转换】按钮 ，检查程序是否有错。转换完成后，单击【写入至可编程控制器】按钮 写入 PLC，如图 8-11 所示。切记写入完成后，务必对 PLC 程序进行复位或断电操作，否则配置将无法生效。

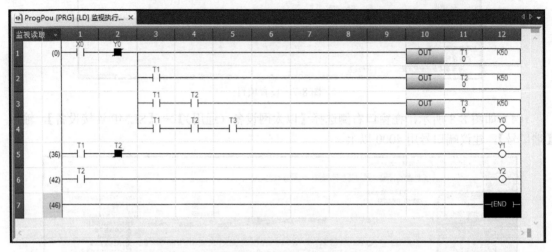

图 8-10　编写 PLC 程序

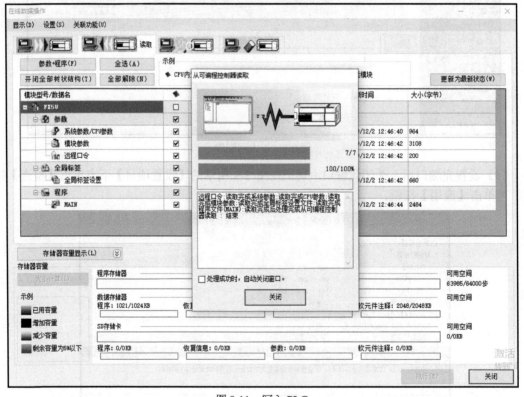

图 8-11　写入 PLC

5．组态王工程设计

新建组态王工程，在工程浏览器窗口的左侧单击【设备】，双击【新建】，选择【设备驱动】

中的【PLC】，找到如图 8-12 所选的【Mitsubishi】的【Q_SERIAL_ETHERNET_BINARY】，选择【ETHERNET】。单击【下一步】按钮，设置如图 8-13 的逻辑名称和如图 8-14 所示使用的串口号。

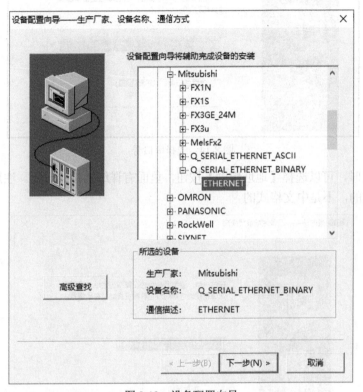

图 8-12 设备配置向导

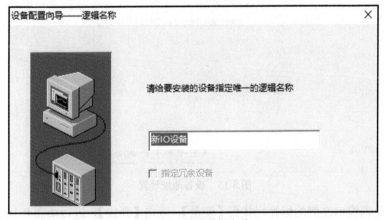

图 8-13 设置逻辑名称

如图 8-15 所示为要安装的设备地址，设备地址格式为"IP 地址:PLC 端口号（十六进制数）:本机端口号（十六进制数）:超时时间（十进制数，单位为秒）:通信方式（0 为 UDP，1 为 TCP）"。其中，FA1 是本例 PLC 的端口号 4001 的十六进制数，9A1 是 PC 端的端口号 2465 的十六进制数。本机的端口尽量选择未占用的端口，可打开命令行（/cmd），输入"netstat-an"查看端口使用情况，尽量避免重复使用端口。

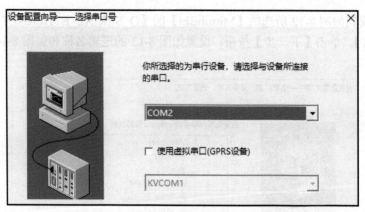

图 8-14   选择串口号

当地址有误时，可以选择【地址帮助】按钮，里面有详细的格式设置。注意：格式里的冒号是用英文格式的，不是中文格式的。

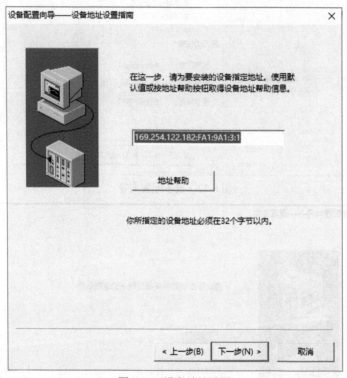

图 8-15   设备地址设置

在工程浏览器窗口左侧的标签栏找到【变量】，双击【新建】，进行如图 8-16 所示的定义变量。组态王中含有内存变量与 I/O 变量两种。I/O 变量属于外部变量，是组态王与外部设备或其他应用程序交换的变量。这里变量类型选择【I/O 离散】，【连接设备】选择为之前新建要通信的设备。【寄存器】选择对应的字母，后面还要加上自定义的序号。

在工程浏览器窗口左侧的标签栏中单击【系统】，找到【画面】，双击【新建】，对"画面属性"进行定义后即可画图。简易流水灯如图 8-17 所示。

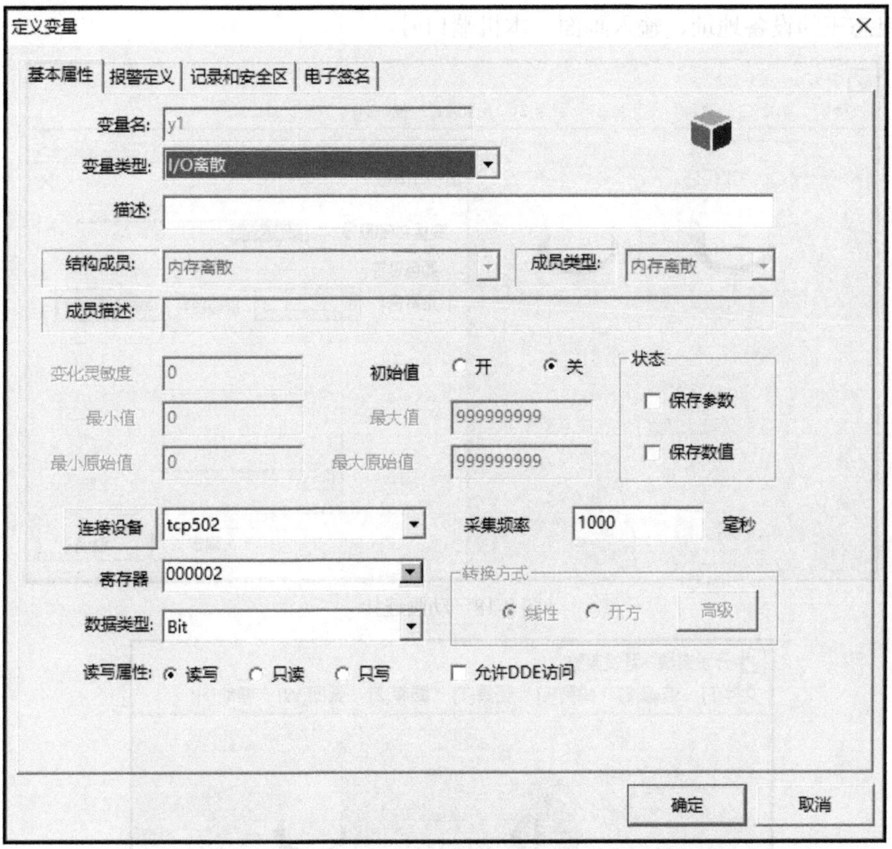

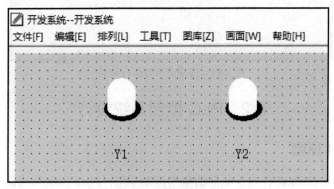

图 8-16 定义变量

图 8-17 简易流水灯

右击所选对象，可以进行动画连接设置。对于变量名，单击如图 8-18 所示右边的【？】按钮，找到对应的变量名称，单击【确定】按钮。

建立好变量和画面后，在工程浏览器的菜单栏中单击【运行】按钮，进行自定义设置后，单击【VIEW】按钮运行组态王。简易流水灯运行结果如图 8-19 所示。

进行上述操作后，务必检查：

① PLC 端口号是否设置；

② 若是以太网端口直接连接，IP 地址设置是否正确；

③ 程序下载完，是否对 PLC 进行复位或断电操作；

④ 组态王的设备地址、输入画面、本机端口号。

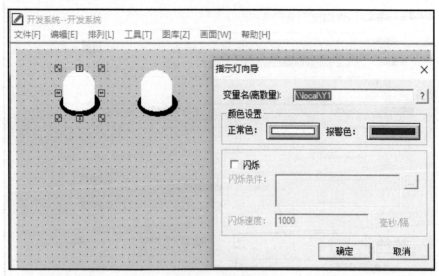

图 8-18 动画连接

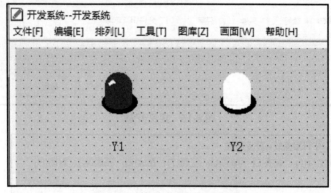

图 8-19 简易流水灯运行结果

8.2 PLC 控制系统设计

8.2.1 设计的基本原则

PLC 控制系统是以 PLC 作为控制器的电气控制系统，PLC 控制系统设计的目的是为了实现被控对象的控制要求而制定相应的方案。虽然各种工业控制系统实现的功能大不相同，但是 PLC 控制系统的设计原则基本相同。

1. 满足被控对象的全部控制要求

设计 PLC 控制系统，首先是要满足被控对象的全部控制要求，充分发挥 PLC 的功能。所以要完成好 PLC 控制系统的设计，就要求设计人员必须经过反复实践，深入生产现场调研，收集大量实用的生产资料，了解国内外先进技术。在此基础上，还要与生产运营的一线人员紧密配合，共同拟订控制系统方案，解决在设计中遇到的重点和疑难问题。

2. 确保 PLC 控制系统的安全、可靠

在满足控制要求的基础上，设计 PLC 控制系统的另一条重要原则是保证控制设备性能的稳

定及系统运行的安全和可靠。因此，控制系统的设计就要对系统设计、元件选择、程序编写等进行全面考虑，做到始终把安全性和可靠性放在最重要的位置上。

3．力求系统简单、经济及使用、维修方便

PLC 控制系统一方面要努力提高生产效益和经济效益，另一方面要努力降低基础运营成本（系统开发、设备维护及技术培训投入等）。所以在设计控制系统时，既要满足系统的控制要求，给产品生产带来最便捷的方案，也要考虑降低系统的研发成本，达到经济效益最大化的目的。这就要求控制系统的设计简单、经济，同时使用、维护方便，而不是一味地追求自动化程度。

4．适应技术发展的需求

由于技术的不断发展和更新，会对控制系统提出更高的要求。为了满足生产工艺的改进和技术发展带来的升级需求，在 PLC 控制系统的设计阶段就要在选择 PLC 性能、I/O 点数和内存容量等方面留有适当的裕量。

8.2.2 设计的步骤

PLC 控制系统设计一般包括系统规划、硬件设计、软件设计、系统调试及编制技术文件 5 部分，这 5 部分作为控制系统设计的基本步骤，必须始终将设计的基本原则贯穿其中。PLC 控制系统设计流程图如图 8-20 所示。

1．系统规划

系统规划是 PLC 控制系统设计的第一步，主要包括确定控制方案和总体设计两部分的内容。确定系统控制方案，首先需要明确被控对象（包含机械、电气、液压、气动等系统），深入了解和分析被控对象的生产工艺及控制要求；其次，根据生产的各项性能指标、现场的设备布置情况和控制系统的工艺复杂性，确定系统的技术实现手段；最后，在前两步的基础上确定系统的组成部件，规划总体结构。系统规划的具体内容包括：明确控制要求，确定系统类型，确定 I/O 模块的数量，选择 PLC 型号，选择人机界面、驱动器、变频器、继电器装置等。

（1）PLC 机型的选择

PLC 机型的选择要以满足系统控制要求为前提，保证系统运行的安全可靠和较高的性价比。在选择机型时，主要考虑结构形式、I/O 点数、I/O 响应时间、控制复杂程度、机型统一性、联网通信等几个方面。

① 结构形式的选择。PLC 的基本结构可分为整体式、模块式、叠装式 3 种。整体式 PLC 的 I/O 端子的平均价格比模块式和叠装式便宜，大多数小型 PLC 为整体式 PLC，一般应用于工作过程比较固定、环境条件较好的小型控制系统。模块式和叠装式 PLC 的扩展性较高，在 I/O 端子的数量、I/O 模块的种类、特殊模块的扩展等方面比整体式 PLC 拥有更多的配置余地，并且维修时便于判断故障范围和更换损坏模块，因此适用于控制要求复杂的系统。

② I/O 点数的选择。I/O 点数作为 PLC 选用的重要指标，也是衡量 PLC 规模大小的标志。PLC 的 I/O 点数一般是以被控对象实际的输入、输出点数为基础确定的，应通过分析统计所有控制、执行元件需要的 I/O 点数，合理选择 PLC 型号，避免造成 I/O 点数的大量闲置而增加成本投入。通常在选择 PLC 的 I/O 点数时，要在系统实际需求上再增加 10%~15% 的裕量，以满足后期生产工艺的改进或 I/O 端子损坏的变更。

③ I/O 响应时间的选择。控制速度在 PLC 中具体体现为 I/O 响应时间的长短，I/O 响应时间包括输入、输出电路延迟和扫描周期引起的时间延迟。其中扫描周期占据主要部分，当控制程序的复杂程度增大时，扫描周期也会相应变长，从而影响到控制系统对生产现场变化的响应

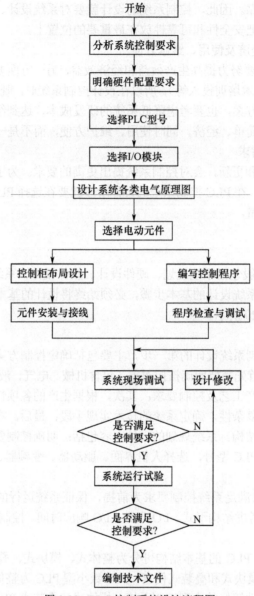

图 8-20　PLC 控制系统设计流程图

速度。PLC 的 I/O 响应时间在一般情况下能够满足大多数的应用场合，但是一些对实时性要求较高的系统，则必须考虑到控制系统的响应时间，应选用扫描速度较快的 PLC，配合快速响应模块或者中断处理模块，从而达到减小时间延迟的目的。

④ 考虑控制复杂程度。不同类型的 PLC 所能实现的功能存在很大的区别，选择 PLC 机型时，需要考虑控制系统的复杂程度，应选择功能适中、完全符合控制条件的 PLC。对于控制要求不高，只需使用到 PLC 基础控制和运算功能的系统，选择低档 PLC 就能够满足控制要求。对于控制较为复杂、控制要求较高，需要进行复杂函数、PID、远程 I/O 等控制和运算功能的系统，应综合分析控制规模及复杂程度，选择功能和运算较为强大的中档或高档 PLC。

⑤ 机型统一性。由于同一机型的 PLC 具有相同的功能和编程方法，所以在一个控制系统

中应尽量做到机型的统一，这不仅有助于控制系统功能及程序的开发，也有利于设备的采购和管理。对于同一机型的系统，其中PLC所使用的模块能够互相备用，外围设备也具有通用性，可以做到资源的共享。同时方便通信程序的编写，容易把多个独立控制系统的PLC设备连接构成一个分布式系统，强化上位机对PLC的集中管理和控制，充分发挥交互通信的优势。

（2）I/O模块的选择

PLC的I/O模块主要分为开关量I/O模块和模拟量I/O模块。不同的I/O模块，其内部电路和实现功能也不同，直接影响着PLC的使用范围和价格，故在选择时应根据实际需求合理规划。

① 开关量输入模块的选择。开关量输入模块用于接收现场设备输入的开关信号，并将输入的信号转换为PLC内部能够处理的低电压信号。选择开关量输入模块时，应注意以下4个方面。

i. 输入信号电压。开关量输入模块的信号类型包括直流输入、交流输入和交流/直流输入3种类型，主要应根据现场设备的输入信号和工作环境等因素进行选择。例如，在需要较短的时间延迟或者直接与接近开关、光电开关等电子输入设备连接的场合，可以选择直流输入类型；当工作在粉尘较大、油污较多的恶劣环境下，要保证输入模块的可靠性时，则可以选择交流输入模块。

开关量输入模块的电压大小一般分为：直流5～30V等、交流100～240V等，常用的是直流24V、交流220V。选择电压大小的主要判断依据是现场输入设备与输入模块之间的距离，例如，5V输入模块的最远传输距离为10m。传输距离越大，所需要用到的输入模块电压等级就越高。

ii. 输入接线方式。开关量输入模块的输入接线方式主要分为汇点式和分组式两种。汇点式输入模块的所有输入点公用一个公共端，分组式输入模块则是将输入点集中分成若干组，每组公用一个公共端。同等条件下，汇点式输入模块的价格低于分组式输入模块。

iii. 同时接通的输入点数。对于高密度的输入模块，如32点、64点等，输入模块电压的大小和环境温度都会对同时输入的点数产生影响。一般情况下，输入模块同时接通的点数不要超过总输入点数的60%。

iv. 输入阈值电平。开关量输入模块的阈值电平高低直接影响着控制系统的可靠性。输入阈值电平越高，抗干扰能力越强，传输距离也就越远。

② 开关量输出模块的选择。开关量输出模块是将PLC内部的电平信号转换为外部输出设备所需的开关信号。开关量输出模块的另一个功能是实现PLC内、外部信号的电气隔离。选择开关量输出模块时，应注意以下4个方面。

i. 输出方式。开关量输出模块包含继电器输出、晶闸管输出和晶体管输出3种方式。继电器输出方式适用的电压范围较宽，导通压降小，可用于驱动较大的交流负载或直流负载，价格也比另外两种输出方式便宜。但是继电器输出方式属于有触点元件，可靠性差，使用寿命较短，而且动作速度较慢，只适用于不频繁通断的场合，当驱动感性负载时，触点最大动作频率不得超过1Hz。对于通断频繁的负载，应选用晶闸管输出方式或晶体管输出方式，其中晶闸管输出模块只能用于驱动交流负载，晶体管输出方式只能用于驱动直流负载。

ii. 输出接线方式。开关量输出模块的输出接线方式主要分为分组式和分隔式两种。分组式输出与分组式输入相同，将所有输出点集中分为若干组，每组公用一个公共端，不同公共端之间相互分隔，分别用于驱动不同电源类型和电压大小的输出设备。分隔式输出可以认为是分组式的细化，它的每个输出点都有一个公共端，并且也是相互分隔的。

iii. 同时接通的输出点数。选择开关量输出模块时，还需要考虑其能同时接通输出点数的数量大小，同时接通点数的输出电流值必须小于公共端所允许通过的最大电流值，而且最大电流值远小于各输出点的电流值总和。一般情况下，输出模块同时接通的点数不要超过总输出点数的60%。

iv. 驱动能力。开关量输出模块的输出电流必须大于输出设备的额定电流，选择时应根据实际输出设备的电流大小来选择模块的输出电流，若电流过大，输出模块无法直接驱动，可以通过增加中间放大环节来解决。

③ 模拟量I/O模块的选择。模拟量I/O模块的主要功能是数据转换，模拟量输入模块（A/D）是将传感器等输入设备产生的模拟量转换成PLC可以处理的数字量，模拟量输出模块（D/A）是将处理完成的数字量转换成模拟量输出。选择该模块时，不仅要知道实际所需的量程，还要考虑其分辨率和转换精度等因素。

2. 硬件设计

硬件设计是指在系统规划和总体设计完成后的技术设计。在这一阶段，主要是对系统进行原理、安装、施工、调试、维修等方面的设计，并且根据PLC的控制类型进行分区。PLC控制系统的硬件设计一般包括控制系统主回路设计，控制回路设计，安全电路设计，控制柜、操作台的电气元件安装设计，电气连线设计等。

主回路、控制回路、安全电路的设计是以电气原理图的形式体现设计思想与要求的，控制系统所使用的电气元件的规格参数、连线要求等均在电气原理图上得到全面、准确、系统的标注，是系统安装、调试和维修的基础。控制柜、操作台的电气元件安装设计、电气连线设计的目的是用于指导和规范现场施工，为系统安装、调试、维修提供帮助。

（1）主回路设计

主回路是指高压、大电流回路，通常包括电机主回路、各种动力驱动装置的电源回路和动力回路、各种控制变压器的输入回路、用于为系统各部分主电源供给的电源输入。PLC控制系统的主回路设计需要结合自身特点，充分考虑系统的可靠性和安全性。

① 电源总开关。为了使得整个控制系统与电网隔离，机械设备的电气控制装置必须安装电源总开关。电源总开关必须具有足够的分断能力。通过电源总开关，必须能够断开控制系统中所有用电设备的电源。例如，当电机堵转时，总开关必须能够克服电机最大电流和回路中其他用电设备的电流总和。

② 保护装置的设计。保护装置也必须具有足够的分断能力，对控制系统主回路中的所有用电设备进行可靠、有效的保护。不同类型的主回路上，独立的部件都必须安装用于短路、过流保护的保护装置，在此基础上，还应对每个大类安装总保护装置。对于构成复杂、控制要求较高的系统，应采用分组式供电方法，同样需在每组安装独立的保护装置。

③ 接地和抗干扰。从安全和抗干扰角度考虑，主回路及与主回路连接的电气控制装置，都应设有专用接地，用于电位平衡和防止干扰，提高装置可靠性。需要注意的是，如果PLC无法采用专用接地，可以与其他设备构成公用接地，但是严禁通过将PLC的接地线与其他设备接地相连接的方式进行接地。为了抑制线路干扰，对于容易产生干扰和受到外部干扰的设备，在与电源连接时，必须加装隔离变压器、滤波电抗器等装置。

（2）控制回路设计

控制回路是指由传感器、I/O接口连接的继电器、接触器等装置构成的弱电回路。其电路形式分为输入接口电路和输出接口电路两种，电源一般使用AC 220V或DC 24V。控制回路的设计不仅要保证系统运行的安全性和可靠性，更要考虑回路中设备无论出现何种情况，都能保证设备安全和可靠停机，不会对操作人员造成伤害。控制回路的设计应以安全、可靠为前提，尽可能地简洁、明了，有助于系统的操作和维修。

① 输入接口电路。在 I/O 模块选择中已经根据工作场合要求的不同选择了相应的输入模块，控制回路的设计只需符合模块的电源类型即可。选用 DC 24V 的电源时，其输入设备主要包括传感器和主令开关，需要设计该电压大小的控制回路、紧急分断电路、安全电路等。选用 AC 220V 的电源时，需要对其输入设备设计安全电路及各种控制装置的辅助控制电路等。对于不同的开关、电气元件，应按照产品说明书推荐的电源类型和接线方式进行选择。

② 输出接口电路。在 I/O 模块选择中已经根据不同的输出设备选择了不同的输出模块，只需根据电源类型进行相关的电路设计即可。选用 DC 24V 的电源时，PLC 的输出模块类型为继电器输出或晶体管输出，需要按照设备不同的特性设计紧急分断电路、安全电路、执行元件的控制电路和联锁控制电路等。选用 AC 220V 的电源时，PLC 的输出模块类型为继电器输出或晶闸管输出，输出设备需要设计安全电路、不同电气装置的控制线路和辅助控制线路等。

（3）安全电路设计

PLC 控制系统的外部电路设计是决定系统运行安全、可靠的关键，如果外部条件无法满足系统的基本要求，可能会造成系统设备运行的不稳定，甚至对设备或人身安全产生危害。因此，安全电路设计在控制系统设计中占据十分重要的地位，需要考虑的主要因素包括安全触点的使用、控制回路设备的互锁、紧急分断电路设计、安全防护门设计及冗余设计等。

① 安全触点的使用。电气控制系统中用于安全电路的主令电器必须满足强制释放的要求，即触点元件的动作只能依靠形位配合，不得使用弹簧零件。简而言之，用于设备紧急分断、超程保护的主令电器等，只能使用常闭触点，而且必须具有自锁能力。采用常闭触点的优势在于即使触点发生熔焊，也可以在外力的作用下强制断开，保证安全电路的正常动作。

② 控制回路设备的互锁。当两个电气执行元件，例如，电机正/反转接触器同时执行动作时，可能会引起电源短路或机械损伤，那么在设计时不仅要在程序中做到这些执行元件不能同时动作，还必须在控制回路中通过机械机构对执行元件进行互锁，以确保它们不可能存在同时动作。

③ 紧急分断电路。当出现危险情况时，工业设备应通过紧急分断电路尽快停车，以免带来更重大的损失。紧急分断电路的设计分为安装紧急分断开关和紧急分断控制电路两种方式，在设计中需要注意以下几点要求：紧急分断电路使用的接触器必须有若干个触点同时工作，以防触点失效，影响安全回路的正常动作；紧急分断电路不允许使用 PLC 进行控制，只能通过机电式执行元件来实现；紧急分断电路中不得接入用于紧急分断的执行元件。

④ 安全防护门设计。安全防护门的设计是为了隔离开那些可能危及操作人员人身安全的设备和部件。安全防护门的设计要点包括：安全防护门必须带有安全锁，确保在完成生产后，不会被错误打开；安全防护门打开时，必须停止控制范围内所有机器的运作；应使用编码等方式确保安全装置上的操作保护。

⑤ 冗余设计。在正常情况下，一般需要对设计的控制系统进行检查、简化，以防出现富余的控制元件，降低控制系统的成本。但是在安全电路中，时常人为地增加一些重复的执行元件，用以提高线路的可靠性。控制系统的冗余设计主要应用于以下两个方面：安全电路中强电控制部分的冗余设计，如紧急分断电路；PLC 的冗余设计，即 PLC 设有主 CPU 和备用 CPU，并行运行相同的程序。

（4）PLC 控制系统布局设计

PLC 控制系统是由基本的电子元器件等组成的，在完成以上电路部分内容的设计后，便可根据给出的电气原理图进行系统设备的布局规划。为了保证 PLC 控制系统的正常运行，在进行系统设备的安装和接线时，必须完全遵循安装的基本要求和接线原则，避免造成硬件连接的错误。

① PLC 控制系统安装环境的要求。PLC 控制系统一般安装在专门的控制柜中，安装 PLC 控制系统前，需要考虑安装环境的温度、湿度、振动等方面是否符合 PLC 的基本工作要求。通常 PLC 的环境温度范围为 0～55℃，环境湿度范围为 35%～85%，过高或过低的温度和湿度都会导致 PLC 工作失常或损坏。也不能将 PLC 安装在振动频率较高，灰尘、油污较多的地方，防止造成电路短路和 PLC 损坏。同时为了保证 PLC 能在合适的温度范围内工作，在控制柜中应留有足够的通风空间，一般将产生热量较高的设备放在控制柜的最上方，便于散热。当控制柜无法自然冷却时，则需要安装通风风扇，强制通风。

② PLC 控制系统安装位置的要求。在控制柜中，PLC 的安装分为单排安装和双排安装两种。为了便于散热，PLC 必须沿水平方向安装，并且需要与控制柜箱体及周边设备保持一定的距离，通常这个距离要大于 50mm。

③ PLC 控制系统安装操作的要求。在安装 PLC 时，应在断电的情况下操作，并且需要通过防静电装置或接地导体释放人体的静电，防止对 PLC 内部硬件产生影响；安装过程中，要注意避免施工碎屑从通风口掉入 PLC 内。PLC 的安装方式分为安装孔垂直安装和 DIN 导轨安装，其中安装孔垂直安装使用的是 PLC 机身自带的安装孔，DIN 导轨安装则是通过 PLC 机身底部的安装槽和卡扣与 DIN 导轨连接的。

3．软件设计

PLC 控制系统软件设计的主要任务是根据所确定的总体方案和硬件设计的电气原理图，并按照电气原理图中的 I/O 地址编制 PLC 控制程序、功能模块控制软件及设定参数等。编制 PLC 控制程序的典型方法包括图解法、经验法、计算机辅助设计等，控制程序设计一般采用模块化设计思想，不仅便于阅读和调试，也有助于提高设计效率，通常按照实现功能的不同来划分模块。

完成各模块程序设计后，一般需要应用 PLC 编程软件自带的诊断功能对控制程序进行逻辑和语法的检查。然后在实验室进行模拟调试，通过将实际输入信号用开关或按钮来模拟、实际负载和输出量用发光二极管来模拟，以方便对程序的运行进行监控和调试。在模拟调试中，应充分考虑控制系统可能出现的各种情况，对系统的各种工作方式、程序中的所有语句和分支都要逐一检查，并进行反复调试，及时修改在程序中发现的问题，直至完全符合控制要求。为了缩短调试的时间，可以修改程序中一些定时器或计数器的实际设定值，并在调试结束后恢复。若有条件，还可以将程序通过必要的仿真和模拟试验。

4．系统现场调试

在控制程序模拟调试的基础上，可到现场进行联机总装调试。PLC 控制系统的现场调试是检查系统硬件设计、软件设计和提高控制可靠性的重要环节。调试一般按照以下步骤进行：前期检查、硬件调试、软件调试、空载运行试验、可靠性试验、实际运行试验，遵循先易后难、先空载再加载的原则。调试主要运用单步、监控、跟踪等方式进行，并且可以将控制程序分为各个功能块，逐块进行调试，发现任何影响系统安全性与可靠性的设计都必须予以修改。只有通过系统现场调试，达到控制要求后的控制系统才可投入生产运行。

5．编制技术文件

现场调试完成后，整个 PLC 控制系统的设计任务基本完成，这时设计人员就可以开始系统技术文件的编制工作。技术文件主要包括控制系统基本结构的设计、各个功能块的原理分析、控制程序的调试情况、电气原理图、设备使用说明书、PLC 程序备份文件等。

8.3 实例：自动化立体仓库控制系统设计

8.3.1 控制系统要求

自动化立体仓库是现代物流系统中迅速发展的一个重要组成部分，主要由高层货架、巷道堆垛机、立体仓库控制器、一体式触摸终端及出入库流水线等组成，如图 8-21 所示。巷道堆垛机及出入库平台流水线能够在立体仓库控制器管理下，完成货物的出入库作业，实现存取自动化，能够自动完成货物的存取作业。自动化立体仓库不仅大幅提高了仓库的单位面积利用率，而且提高了劳动生产率，降低了劳动强度，减少了货物信息处理的差错。

图 8-21　自动化立体仓库实物图

自动化立体仓库控制系统的主要要求如下：

① 控制系统能控制整个自动化立体仓库，包括巷道堆垛机、出入库平台流水线、控制柜、气缸、传感器等；

② 巷道堆垛机高速运行，速度可调，定位精度要求±1mm；

③ 出入库平台流水线的速度可调；

④ 具有参数设置功能，可在线实时调节出入库平台流水线速度；

⑤ 具有手动调试功能，可点动操作各轴运行，手动操作气缸运动；

⑥ 实时状态监控，实时显示各传感器的状态、执行机构的状态和各轴的位置；

⑦ 自动运行功能，包括顺序自动入库、顺序自动出库。

8.3.2 控制系统方案

1．控制需求分析

① 巷道堆垛机要求高速运行，速度可调，定位精度要求±1mm，因此考虑采用伺服电机驱动，在轴的一端装有零位传感器，线轨每次上电后，先寻零，确定位置后就能根据 PLC 的脉冲精确定位了。因此，选型的 PLC 必须支持 2 个高速脉冲口。

② 巷道堆垛机本质是一台直角机器人，如果两个轴能联动或同步控制，则能提高运动速度，提高系统的性能。

③ 出入库平台流水线支持调整功能，如果 PLC 自带 D/A 输出，则不需要外接硬件模块。

2．控制系统选型

根据控制需求分析，FX5U PLC 能满足以上需求。FX5U PLC 的特点如下：

① 内置定位功能，独立的 4 轴 200kHz 的脉冲输出，满足巷道堆垛机的两个轴的脉冲控制。

② 先进的运动控制功能，搭载简易运动控制模块（FX5-40SSC-S）可轻松实现高度同步控制，满足巷道堆垛机的两轴联动运行。

③ 内置模拟量 I/O 模块，A/D 2 通道 12 位、D/A 1 通道 12 位。通过 D/A 能控制变频电机的速度，输出的信号越大，电机的转速越快，因此满足对出入库平台流水线的调速控制。

④ 内置以太网端口，可通过以太网开发通信协议与上位机进行通信。

⑤ I/O 接口多：CPU 单元支持 32、64、80 点，通过远程 I/O 模块最大可扩展至 512 点，可给自动化立体仓库的每个库位增加检测传感器，检测是否有货物。

本系统 PLC 采用三菱 FX5U PLC，开发软件采用 GX Works3，人机界面采用三菱的 GT 系列触摸屏。

该自动化立体仓库包含的硬件多，占地面积大，成本高，并且高速运行时调试比较危险，因此本实例采用虚拟仿真技术进行 PLC 开发与调试。基于 SFB 软件开发的三维虚拟自动化立体仓库，是按实体自动化立体仓库 1:1 开发的，所有虚拟设备与实体设备具有相同特性，用真实的 PLC 程序驱动虚拟的立体仓库。在仿真环境下，可进行 PLC 场景布局开发、PLC 程序的开发、编程、调试，仿真验证后的 PLC 程序可直接写入实体自动化立体仓库运行。

3．三维虚拟开发环境组成

（1）虚拟控制对象

虚拟控制对象采用基于 SFB 软件开发的三维虚拟场景，按自动化立体仓库 1:1 开发。SFB 是一款"PLC 虚实交互 3D 仿真软件"，支持用户用拖拽的方式快速创立自己的 3D 工业场景，并可通过真实 PLC 程序实时控制 3D 工业场景。3D 工业场景充当一个实时自动化沙盒，在实际产品制造之前实现产品的仿真、分析与优化过程。SFB 软件系统包含 3D 工业场景搭建、PLC 编程、PLC 控制系统调试等功能。

（2）PLC 模拟器

GX Simulator3 软件是三菱开发的 PLC 模拟器，支持 FX5U PLC 仿真，实现的功能与实体 FX5U PLC 相同。本实例中，虚拟 FX5U PLC 与虚拟控制对象操作的信号包括电平量输出（气缸）、电平量输入（传感器）、脉冲量输出（伺服电机）、模拟量输出（变频电机）。

（3）PLC 开发软件

与实体 FX5U PLC 采用相同的开发软件 GX Works3。

（4）人机界面开发软件

人机界面采用三菱触摸屏软件 GT Designer3。与实体触摸屏一样，直接与 PLC 通信。对于开发者而言，编程操作相同。

（5）OPC Server

MELSOFT MX OPC Server UA 是三菱开发的 OPC Server 软件，GX Simulator3 的所有 I/O 信号通过 OPC Server 与 SFB 软件通信，I/O 信号包括电平量、脉冲量、模拟量。

如图 8-22 所示。图 8-22（a）为实体 PLC 开发流程，图 8-22（b）为虚拟 PLC 开发流程。

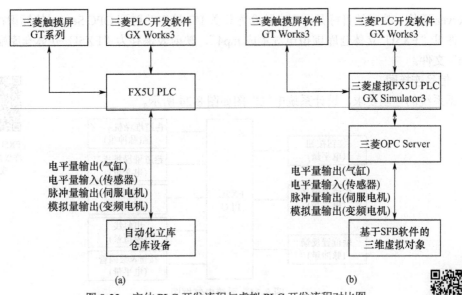

立体仓库场景
搭建 MP4

图 8-22 实体 PLC 开发流程与虚拟 PLC 开发流程对比图

8.3.3 控制系统硬件设计

1. 立体仓库场景布局

根据需求在仿真软件中拖动模型布局，搭建的过程见视频文件"立体仓库场景搭建.MP4"，场景文件见"立体仓库场景搭建.sfb"。完成布局后的立体仓库场景如图 8-23 所示。

图 8-23 立体仓库场景

2. 端口映射表开发

仿真软件通过 I/O 映射表把内部的端口被外部设备控制。本实例采用外部 PLC 控制，通过

OPC Server 通信。映射的目标是：把立体仓库相关 I/O 接口映射到 OPC Server 的标识符。操作视频文件见"FX5U 立体仓库虚拟电气集成.mp4"，映射表保存为"FX5U 立体仓库端口映射表.ddm"文件。

3. 信号连接图

根据系统的控制要求，设计系统电气框图如图 8-24 所示。

FX5U 立体仓库虚拟电气集成 MP4

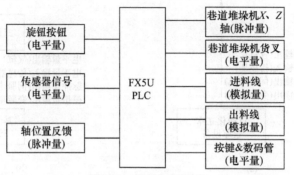

图 8-24 系统电气框图

在设计电气连接图之前，先选择"FX5U 立体仓库端口映射表.dmm"文件，进行如下操作：

（1）打开"立体仓库场景搭建.sfb"场景，选择【信号】→【数据映射】，如图 8-25 所示。

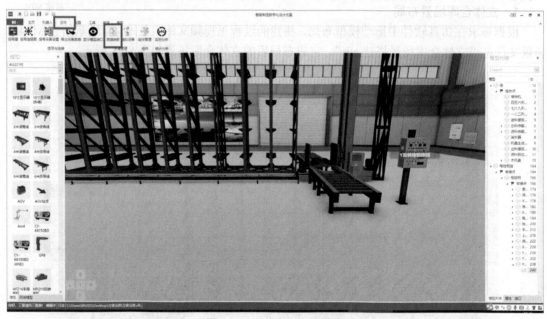

图 8-25 立体仓库场景搭建

（2）弹出【设备数据映射】对话框，单击 ◢ 图标，选择【导入】，如图 8-26 所示。

（3）在【选择文件】对话框，选择"FX5U 立体仓库端口映射表.dmm"文件。

（4）在仿真软件中完成电气设计图，电气设计过程的视频见"FX5U 立体仓库虚拟电气集成.mp4"文件，完成电气设计后的工程见"FX5U 立体仓库虚拟电气集成.sfb"文件。电气连接的截图如图 8-27 所示。

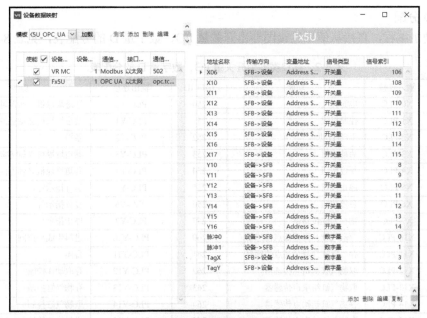

图 8-26　设备数据映射

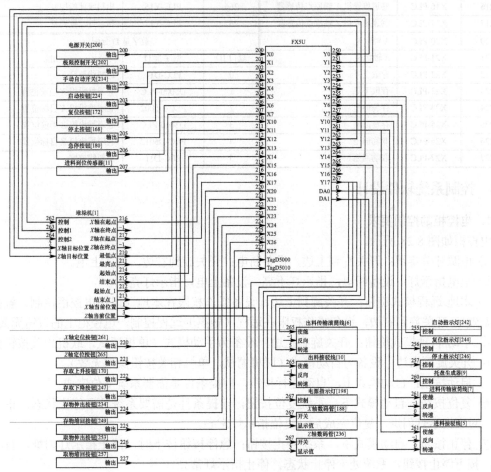

图 8-27　电气连接的截图

4．I/O 分配

为了便于编程，直接从信号连接图导出开关量 I/O、数字量 D 的分配表，见表 8-2。

表 8-2　端口类型为开关量 I/O、数字量 D 的分配表

端口 ID	输入连接	功能	端口 ID	输出连接	功能
200	X0-PLC	电源开关	250	PLC-Y0	巷道堆垛机 X 轴脉冲控制
201	X1-PLC	控制权限	251	PLC-Y1	巷道堆垛机 Z 轴脉冲控制
202	X2-PLC	手动/自动	252	PLC-Y2	备用
203	X3-PLC	启动按钮	253	PLC-Y3	巷道堆垛机 X 轴方向控制
204	X4-PLC	复位按钮	254	PLC-Y4	巷道堆垛机 Z 轴方向控制
205	X5-PLC	停止按钮	255	PLC-Y5	运行指示灯
206	X6-PLC	急停按钮	256	PLC-Y6	复位指示灯
207	X7-PLC	物料到位传感器	257	PLC-Y7	停止指示灯
210	X10-PLC	存取气缸升降最低点传感器	260	PLC-Y10	进给生成物控制
211	X11-PLC	存取气缸升降最高点传感器	261	PLC-Y11	备用
212	X12-PLC	取物气缸初始点传感器	262	PLC-Y12	存取动作控制
213	X13-PLC	取物气缸结束点传感器	263	PLC-Y13	存物气缸控制
214	X14-PLC	存物气缸初始点传感器	264	PLC-Y14	取物气缸控制
215	X15-PLC	存物气缸结束点传感器	265	PLC-Y15	进给线使能控制
216	X16-PLC	巷道堆垛机 X 轴原点传感器	266	PLC-Y16	出给线使能控制
217	X17-PLC	巷道堆垛机 Z 轴原点传感器	267	PLC-Y17	指示灯、数码管
220	X20-PLC	X 轴定位	数字量 D 分配		
221	X21-PLC	X 轴定位	端口 ID	数字量 D	功能
222	X22-PLC	存取上升	0	PLC-D10	进给线速度
223	X23-PLC	存取下降	1	D5000-PLC	巷道堆垛机 X 当前位置
224	X24-PLC	存物伸出	2	PLC-D5002	巷道堆垛机 X 目标位置
225	X25-PLC	存物回缩	3	D5010-PLC	巷道堆垛机 Z 当前位置
226	X26-PLC	取物伸出	4	PLC-D5012	巷道堆垛机 Z 目标位置
227	X27-PLC	取物回缩	5	PLC-D11	出料线速度

8.3.4　控制系统软件设计

1．电控柜的控制要求

电控柜如图 8-28 所示。

① 电源开关旋钮：开关旋到上边，设备断电；开关旋到右边，设备上电。

② 上电指示灯：设备断电，指示灯不亮；设备上电，指示灯亮。

③ 本地/远程模式旋钮：开关旋到上边，设备操作权限在本地（现场电控柜控制，触摸屏控制无效）；开关旋到右边，设备操作权限在远程（触摸屏远程控制，电控柜上的按钮无效）。

④ 手动/自动模式旋钮：开关旋到上边，设备为手动模式（单机调试，联机相关按钮操作无效）；开关旋到右边，设备为自动模式（联机调试，单机相关按钮操作无效）。

⑤ 启动按钮：自动模式下，自动运行按钮，前提条件是需要系统复位完成。

⑥ 复位按钮：自动模式下，系统复位按钮，前提条件是需要系统处于停止状态；正在复位时，对应指示灯闪烁，复位完成后，复位指示灯常亮。

⑦ 停止按钮：自动模式下，系统停止按钮；急停按钮按下时，停止指示灯闪烁，自动模式下，按下停止按钮，系统处于停止状态，停止指示灯常亮。

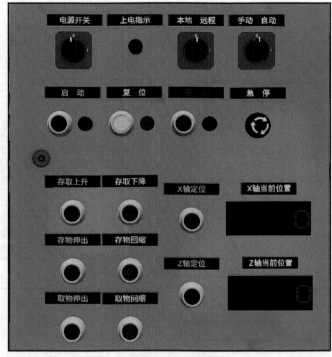

图 8-28　电控柜

⑧ 急停按钮：按钮按下，系统紧急停止。

⑨ 存取上升按钮：手动模式下，按下按钮，货叉上升。

⑩ 存取下降按钮：手动模式下，按下按钮，货叉下降。

⑪ 存物伸出按钮：手动模式下，按下按钮，货叉向前伸。

⑫ 存物回缩按钮：手动模式下，按下按钮，货叉向后缩。

⑬ 取物伸出按钮：手动模式下，按下按钮，货叉向后伸。

⑭ 取物回缩按钮：手动模式下，按下按钮，货叉向前缩。

⑮ X 轴定位按钮：手动模式下，按下按钮，巷道堆垛机移动到触摸屏设定的 X 轴位置。

⑯ Z 轴定位按钮：手动模式下，按下按钮，巷道堆垛机移动到触摸屏设定的 Z 轴位置。

⑰ X 轴当前位置显示数码管：显示 X 轴当前位置。

⑱ Z 轴当前位置显示数码管：显示 Z 轴当前位置。

2．人机界面控制要求

（1）工艺界面

此界面从 3D 视角显示立体仓库工艺，浅显易懂，如图 8-29 所示。

（2）设备操作界面

设备操作界面如图 8-30 所示，包含远程权限下手动、自动模式的各种操作。

其中，滚筒速度参数设置如图 8-31 所示。

（3）参数浏览界面

参数浏览界面如图 8-32 所示，在此界面集中观察系统运行过程中的所有参数，便于分析
数据。

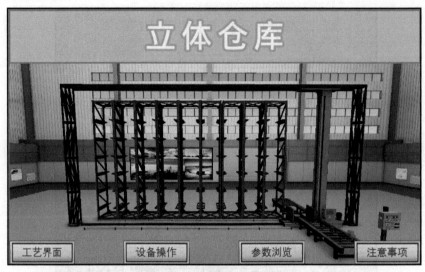

图 8-29　立体仓库工艺界面

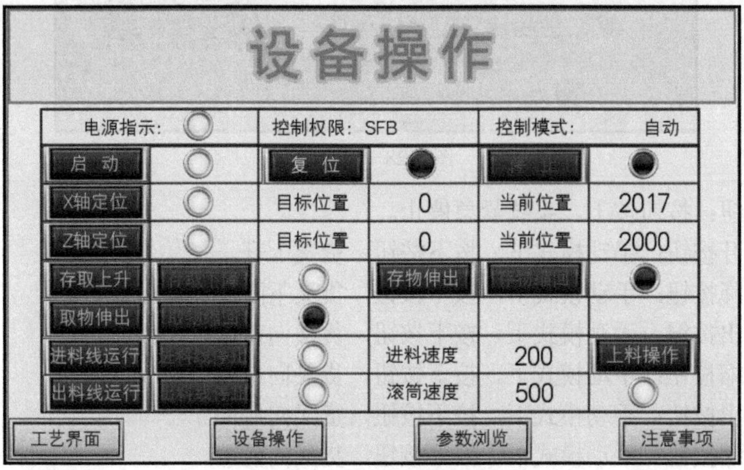

图 8-30　设备操作界面

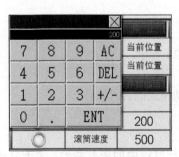

图 8-31　滚筒速度参数设置

图 8-32　参数浏览界面

（4）注意事项界面

注意事项界面如图 8-33 所示，此界面介绍了立体仓库仿真运行的主要注意事项。

图 8-33 注意事项界面

3. PLC 程序流程图

PLC 程序流程图如图 8-34 所示。

FX5U 立体仓库编程 MP4

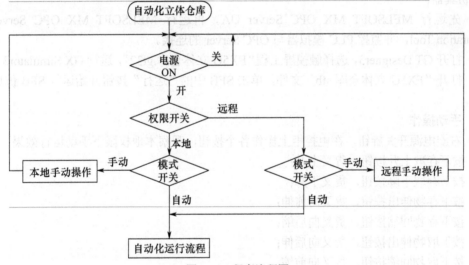

图 8-34 程序流程图

自动化立体仓库的自动运行流程如下。

① 物料生成：运行立体仓库场景，生成器生成托盘，进/出料线开始运行，物料到位传感器检测到托盘，进料线停止运行。

② 入库取料：巷道堆垛机运动到 X、Z 轴初始位置，货叉存取下降，当有存取气缸升降最低点信号时，货叉取物伸出；当有取物气缸结束点信号时，货叉存取上升；当有取物气缸升降最高点信号时，货叉取物回缩；当有取物气缸初始点信号时，生成器生成托盘。

③ 入库动作：巷道堆垛机运行到第一个库位存放点。

④ 入库存物：货叉存物伸出，当有存物气缸结束点信号时，货叉存取下降；当有存取气缸升降最低点信号时，货叉存物回缩；当有存物气缸初始点信号时，入库数加 1。

⑤ 入库复位：巷道堆垛机回到 X、Z 轴初始位置。

⑥ 重复入库：巷道堆垛机重复第②～⑤步，直到码满 10 个库位。

⑦ 出库动作：巷道堆垛机运行到第一个库位存放点。

⑧ 出库取物：货叉存物伸出，当有存物气缸结束点信号时，货叉存取上升；当有存取气缸升降最高点信号时，货叉存物回缩；当有存物气缸初始点信号时，入库数减1。

⑨ 出库复位：巷道堆垛机回到X、Z轴初始位置。

⑩ 出库放物：货叉存物伸出，当有存物气缸结束点信号时，货叉存取下降；当有存取气缸升降最低点信号时，货叉存物回缩；当有存物气缸初始点信号时，完成一次出库。

⑪ 重复出库：巷道堆垛机重复第⑦～⑩步，直到完成10个出库。

如此，周而复始执行第②～⑪步。PLC的程序见"FX5U立体仓库.gx3"文件。

8.3.5 验证操作步骤

FX5U 立体仓库
调试 MP4

1. 环境准备

① 安装SFB、GX Works3、GT Works3、MELSOFT MX OPC Server UA、MELSOFT MX OPC Server UA Configuration Tool、MXComponent软件。

② 打开PLC程序"FX5U立体仓库.gx3"，运行PLC模拟器，并下载"FX5U立体仓库.gx3"文件至仿真器。

③ 先运行 MELSOFT MX OPC Server UA，再运行 MELSOFT MX OPC Server UA Configuration Tool，并监控PLC模拟器与OPC Server的连接。

④ 打开GT Designer3，选择触摸屏工程"FX5U立体仓库.gt32"，运行GX Simulator3仿真。

⑤ 打开"FX5U立体仓库.sfb"文件，单击SFB中的"运行"按钮开始运行SFB仿真，场景运行。

2. 手动操作

① 右旋电源开关旋钮，在电控柜上操作各个按钮，观察本地权限下手动运行效果：

- 按下存取上升按钮，货叉上升；
- 按下存取下降按钮，货叉下降；
- 按下存物伸出按钮，货叉向前伸；
- 按下存物回缩按钮，货叉向后缩；
- 按下取物伸出按钮，货叉向后伸；
- 按下取物回缩按钮，货叉向前缩；
- 在触摸屏上设定X轴目标位置，按下X轴定位按钮，巷道堆垛机移动到触摸屏设定的X轴位置；
- 在触摸屏上设定Z轴目标位置，按下Z轴定位按钮，巷道堆垛机移动到触摸屏设定的Z轴位置。

② 右旋电源开关旋钮、本地/远程模式旋钮，在触摸屏上操作各个按钮，观察远程权限下手动运行效果。触摸屏手动调试与本地按钮调试基本一致。

3. 自动运行

右旋电源开关旋钮、手动/自动模式旋钮，在电控柜上操作各个按钮，观察本地权限下自动运行效果；右旋电源开关旋钮、本地/远程模式旋钮、手动/自动模式旋钮，在触摸屏上操作各个按钮，观察远程权限下自动运行效果。

手动操作与自动运行的视频见"FX5U立体仓库调试.mp4"文件。

8.3.6 相关资源

1. 示例程序
- PLC 程序：..\参考程序\FX5U 立体仓库.gx3
- 人机界面程序：..\参考程序\FX5U 立体仓库触摸屏\立体仓库\FX5U 立体仓库.gt32

2. 配置文件
- ..\Warehouse_FX5UOpcUA.cfg3
- ..\FX5U 立体仓库端口映射表.ddm

3. SFB 场景
- ..\参考场景\立体仓库场景搭建\立体仓库场景搭建.sfb
- ..\参考场景\FX5U 立体仓库虚拟电气集成\FX5U 立体仓库虚拟电气集成.sfb
- ..\参考场景\FX5U 立体仓库\FX5U 立体仓库.sfb

4. 参考视频
- ..\参考视频\立体仓库场景搭建.mp4
- ..\参考视频\FX5U 立体仓库虚拟电气集成.mp4
- ..\参考视频\FX5U 立体仓库编程.mp4
- ..\参考视频\FX5U 立体仓库调试.mp4

习 题 8

8-1 简述组态王建立应用工程的一般步骤。

8-2 组态王中工程管理器的主要功能有哪些？

8-3 组态王软件命令语言有几种？分别是什么？

8-4 如果组态王中的变量要访问 PLC 中的数据，设置成 I/O 变量还是内存变量？

8-5 PLC 控制系统设计的原则有哪些？

8-6 PLC 选择一般要考虑哪些方面的因素？

8-7 如何选择 PLC 的 I/O 模块？

8-8 PLC 控制系统软件设计的方法有哪几种？

第9章 PLC 实验训练

本章为前述章节理论知识的验证内容，重点训练 FX5U PLC、变频器及伺服驱动系统的基本应用。本书以三菱 FX5U PLC、A800 系列变频器（变频器模块）及 MR-JE-C 网络伺服（伺服控制模块）为验证平台。9.1 节可以选做 2～3 个实验，用于熟悉基本编程方法，每个实验 2 学时；9.2 节分为伺服驱动系统和变频器控制 2 个实验模块，可以每个模块选做 1 个实验，每个实验 2 学时，对于理论课内容涉及变频器和伺服驱动系统的学校，掌握这两个设备的基本应用特别重要。

如图 9-1 和图 9-2 所示分别为 FX5U-64M 主机及其接口单元模块和实验中经常使用到的常开、常闭开关及按钮。

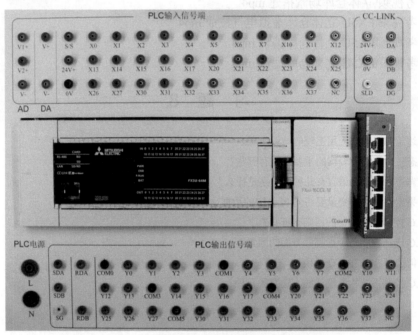

图 9-1　FX5U-64M 主机及其接口单元模块

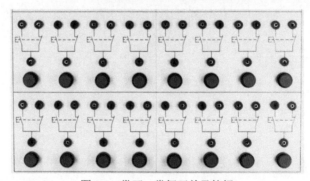

图 9-2　常开、常闭开关及按钮

9.1 基本实验

9.1.1 数码管显示编程

1. 实验目的

应用 FX5U PLC 构成模拟抢答器并编制控制程序。

2. 实验设备

数码管显示模块如图 9-3 所示。

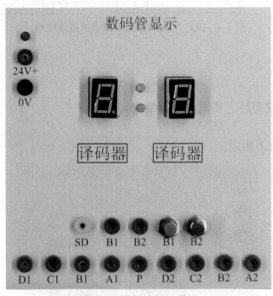

图 9-3 数码管显示模块

3. 实验内容

（1）控制要求：一个 4 组抢答器，任一组抢先按下后，数码管显示器能及时显示该组的编号，同时锁住抢答器，使其他组按下无效。抢答器有复位开关，复位后可重新抢答。

（2）I/O 分配：抢答器 I/O 分配表见表 9-1。

表 9-1 抢答器 I/O 分配表

输入	开关	输出	模块接口	输出	模块接口
X0	SF1	Y0	A1	Y4	A2
X1	SF2	Y1	B1	Y5	B2
X2	SF3	Y2	C1	Y6	C2
X3	SF4	Y3	D1	Y7	D2
X4	复位开关 SF5				

（3）PLC 接线图：PLC 与数码管显示模块的电路如图 9-4 所示。

（4）编写梯形图程序。

（5）调试并运行程序。

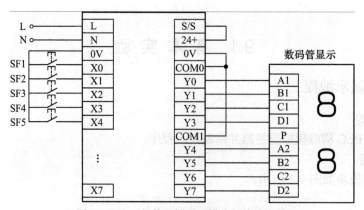

图 9-4 PLC 与数码管显示模块的接线电路

9.1.2 天塔之光编程

1．实验目的

应用 FX5U PLC 构成天塔之光模拟控制系统。

2．实验设备

天塔之光模块如图 9-5 所示。

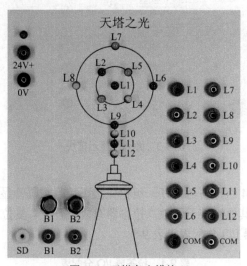

图 9-5 天塔之光模块

3．实验内容

（1）控制要求：隔灯闪烁。L1、L3、L5、L7、L9 亮，1s 后灭；接着 L2、L4、L6、L8 亮 1s 后灭；然后 L1、L3、L5、L7、L9 亮，1s 后灭，如此循环下去。

（2）I/O 分配：天塔之光 I/O 分配表见表 9-2。

表 9-2 天塔之光 I/O 分配表

开关	输入	输出	模块接口	输出	模块接口	输出	模块接口
SF1（启动）	X0	Y0	L1	Y3	L4	Y6	L7
SF2（停止）	X1	Y1	L2	Y4	L5	Y7	L8
		Y2	L3	Y5	L6	Y10	L9

（3）PLC 接线图：PLC 与天塔之光模块的接线电路如图 9-6 所示。

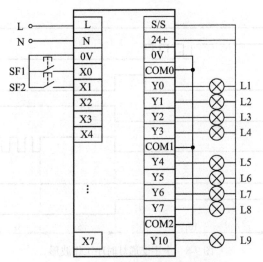

图 9-6　PLC 与天塔之光模块的接线电路

（4）编写梯形图程序。

（5）调试并运行程序。

9.1.3　十字交通灯控制编程

1. 实验目的

应用 FX5U PLC 构成交通信号灯模拟控制系统。

2. 实验设备

十字交通灯模块如图 9-7 所示。

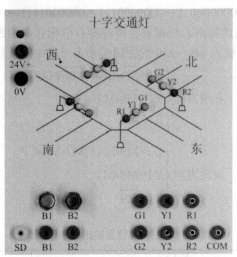

图 9-7　十字交通灯模块

3. 实验内容

（1）控制要求：从图 9-8 中可以看出，东西方向与南北方向绿、黄和红灯相互亮灯的时间是相等的。若单位时间 $t=2\text{s}$，则整体一次循环时间需要 40s。

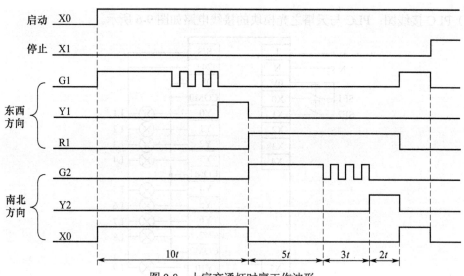

图 9-8　十字交通灯时序工作波形

（2）I/O 分配：十字交通灯 I/O 分配表见表 9-3。

表 9-3　十字交通灯 I/O 分配表

输入	开关	输出	模块接口（东西方向）	输出	模块接口（南北方向）
X0	SF1（启动）	Y0	G1	Y3	G2
X1	SF2（停止）	Y1	Y1	Y4	Y2
		Y2	R1	Y5	R2

本实验使用 PLC 的移位寄存器功能来实现。移位寄存器及输出状态真值表见表 9-4。由表 9-4 可以看出，移位寄存器共 10 位，以循环左移方式向左移位，每次脉冲到来时，只有 1 位翻转，即从 0000000001→0000000011→0000000111→0000001111→…。这种循环移位寄存器的工作是最可靠的。按真值表的特点，根据移位寄存器各位相互间的逻辑关系，其输出状态 G1、Y1、R1 和 G2、Y2、R2 与输入 M9～M0 的逻辑关系为（其中 CP 为脉冲信号）

东西方向
$$\begin{cases} G1=\overline{M9}\cdot\overline{M4}+(\overline{M7}\cdot M4\cdot CP) \\ Y1=\overline{M9}\cdot M7 \\ R1=M9 \end{cases}$$

南北方向
$$\begin{cases} G2=M9\cdot M4+(M7\cdot\overline{M4}\cdot CP) \\ Y1=M9\cdot\overline{M7} \\ R1=\overline{M9} \end{cases}$$

表 9-4　移位寄存器及输出状态真值表

CP	输入										输出					
	M9	M8	M7	M6	M5	M4	M3	M2	M1	M0	G1	Y1	R1	G2	Y2	R2
0	0	0	0	0	0	0	0	0	0	0	1	0	0	0	0	1
1	0	0	0	0	0	0	0	0	0	1	1	0	0	0	0	1
2	0	0	0	0	0	0	0	0	1	1	1	0	0	0	0	1
3	0	0	0	0	0	0	0	1	1	1	1	0	0	0	0	1

CP	输入										输出					
	M9	M8	M7	M6	M5	M4	M3	M2	M1	M0	G1	Y1	R1	G2	Y2	R2
4	0	0	0	0	0	0	1	1	1	1	1	0	0	0	0	1
5	0	0	0	0	0	1	1	1	1	1	⊓	0	0	0	0	1
6	0	0	0	0	1	1	1	1	1	1	⊓	0	0	0	0	1
7	0	0	0	1	1	1	1	1	1	1	⊓	0	0	0	0	1
8	0	0	1	1	1	1	1	1	1	1	0	0	0	0	0	1
9	0	1	1	1	1	1	1	1	1	1	0	1	0	0	0	1
10	1	1	1	1	1	1	1	1	1	1	0	0	1	1	0	0
11	1	1	1	1	1	1	1	1	1	0	0	0	1	1	0	0
12	1	1	1	1	1	1	1	1	0	0	0	0	1	1	0	0
13	1	1	1	1	1	1	1	0	0	0	0	0	1	1	0	0
14	1	1	1	1	1	1	0	0	0	0	0	0	1	1	0	0
15	1	1	1	1	1	0	0	0	0	0	0	0	1	⊓	0	0
16	1	1	1	1	0	0	0	0	0	0	0	0	1	⊓	0	0
17	1	1	1	0	0	0	0	0	0	0	0	0	1	⊓	0	0
18	1	1	0	0	0	0	0	0	0	0	0	0	1	0	1	0
19	1	0	0	0	0	0	0	0	0	0	0	0	1	0	1	0

（3）PLC 接线图：PLC 与十字交通灯模块的接线电路如图 9-9 所示。

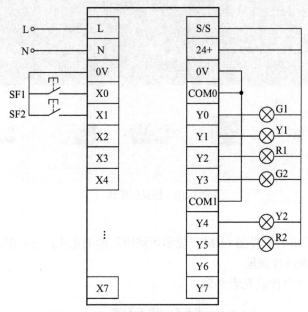

图 9-9 PLC 与十字交通灯模块的接线电路

（4）编写梯形图程序。

（5）调试并运行程序。

9.1.4 A/D 转换、D/A 转换及 HMI 实验编程

1. 实验目的

应用 FX5U PLC 的内置 A/D 转换、D/A 转换接口，结合 HMI 构成模拟量的采集和数模转换系统。

2. 实验设备

触摸屏模块如图 9-10 所示。

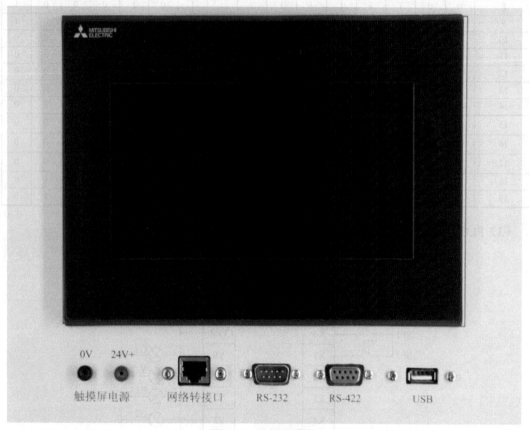

图 9-10　触摸屏模块

3. 实验内容

（1）控制要求：要求人机界面（HMI）显示可调电压源的电压；也可在人机界面中设置 D/A 输出的电压，用电压表进行测量。

（2）I/O 分配：I/O 分配表见表 9-5。

表 9-5　I/O 分配表

A/D 接口	可调电压源接口	D/A 接口	电压表接口
V1+	正极	V+	正极
V−	负极	V−	负极

（3）PLC 接线图：PLC 与触摸屏模块的接线电路如图 9-11 所示。

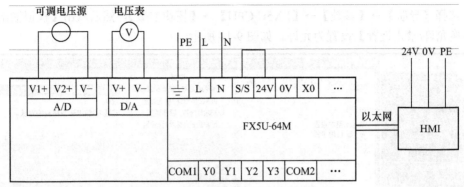

图 9-11　PLC 与触摸屏模块的接线电路

（4）PLC 参数设置：

① 打开 GX Works3，新建 FX5U 工程，选择【导航】→【参数】→【FX5U CPU】→【模块参数】，然后双击【以太网端口】，将 IP 地址设置为 192.168.3.250。如图 9-12 所示。

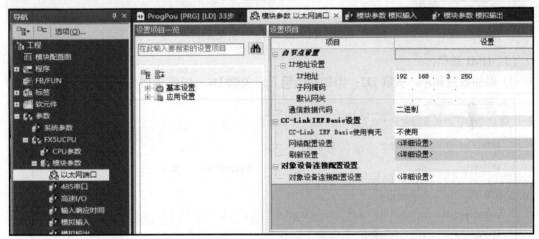

图 9-12　以太网端口设置

② 选择【导航】→【参数】→【FX5U CPU】→【模块参数】，然后双击【模拟输入】，将【A/D 转换允许/禁止设置】设置为允许。如图 9-13 所示。

图 9-13　模拟输入使能设置

③ 选择【导航】→【参数】→【FX5U CPU】→【模块参数】，然后双击【模拟输出】，将【D/A 转换允许/禁止设置】设置为允许。如图 9-14 所示。

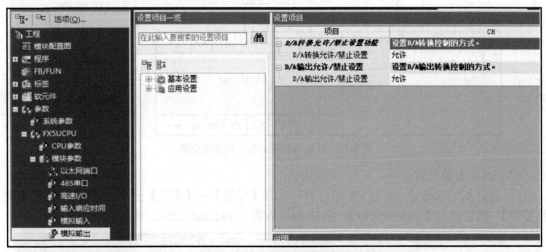

图 9-14　模拟输出使能设置

（5）HMI 通信：

① 添加数值显示，关联 D2；添加数值输入，关联 D4。如图 9-15 和图 9-16 所示。

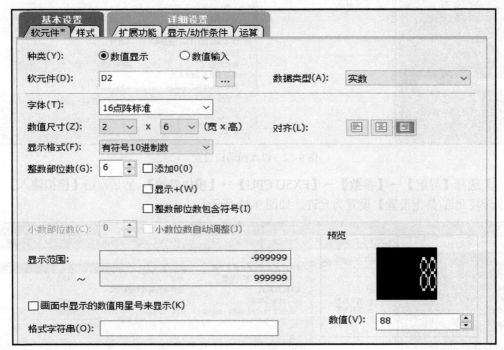

图 9-15　数值显示设置

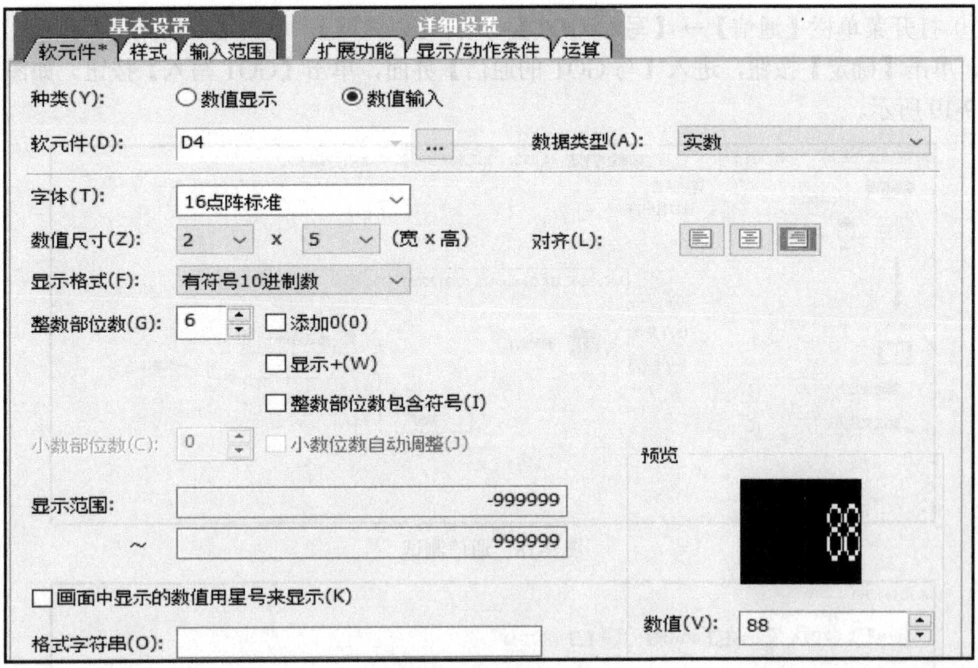

图 9-16　数值输入设置

② 打开菜单栏【公共设置】→【连接机器设置】，单击【以太网设置】按钮，将【站号】改成 2，【机器】改成 FX5U CPU，【IP 地址】改成 192.168.3.250。如图 9-17 所示。

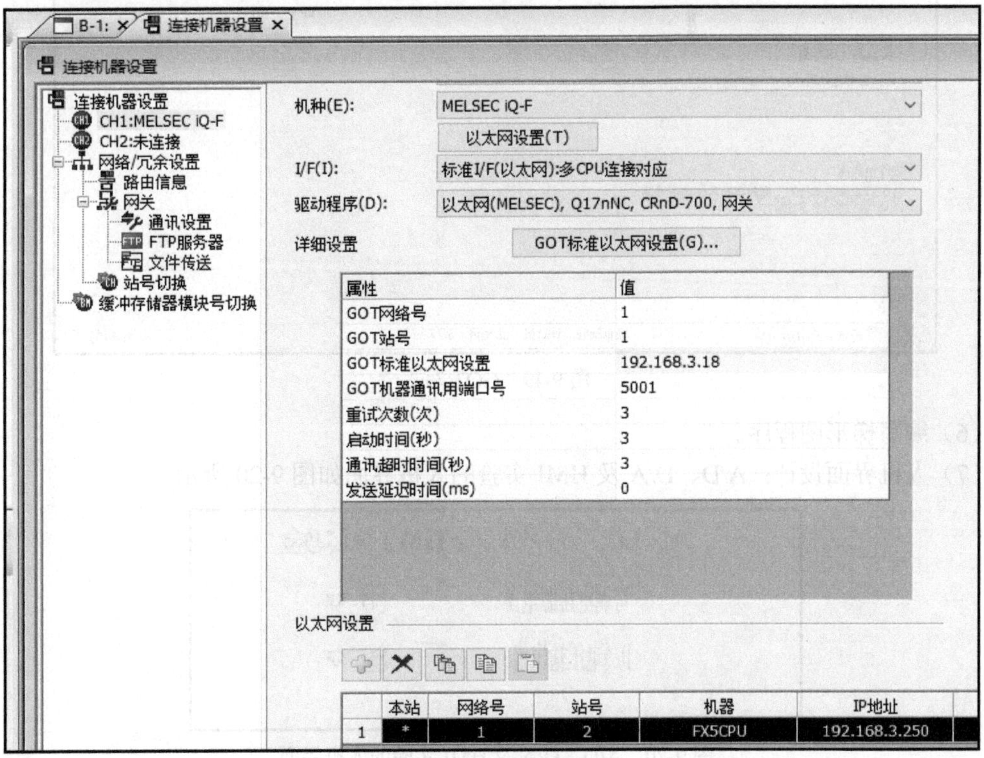

图 9-17　连接机器设置

③ 打开菜单栏【通信】→【写入 GOT】，选择【以太网】，单击【通信测试】按钮。连接成功，单击【确定】按钮，进入【与 GOT 的通信】界面，单击【GOT 写入】按钮。如图 9-18 和图 9-19 所示。

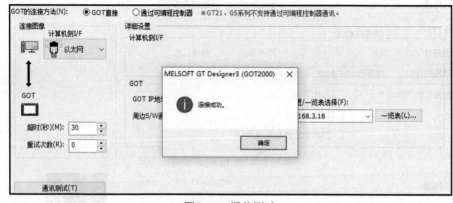

图 9-18 通信测试

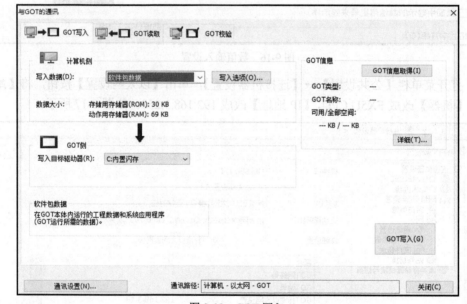

图 9-19 GOT 写入

（6）编写梯形图程序。

（7）人机界面设计：A/D、D/A 及 HMI 实验的人机界面如图 9-20 所示。

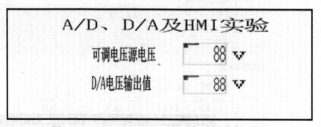

图 9-20 A/D、D/A 及 HMI 实验的人机界面

（8）调试并运行程序。

9.2 运动控制实验

本节主要介绍运动控制实验，通过 PLC 主机单元实现对不同类型电机的运动控制，涉及的实验模块包括电源模块（见图 9-21）、变频器模块（见图 9-22）、伺服控制模块（见图 9-23）、混合运动执行机构（见图 9-24）、触摸屏模块（见图 9-10）。其中，电源模块为变频器模块、伺服控制模块和混合运动执行机构模块供电，PLC 主机单元通过变频器或伺服控制模块实现混合运动执行机构不同的运动，同时触摸屏与 PLC 主机单元通信连接，实现人机界面控制的目的。

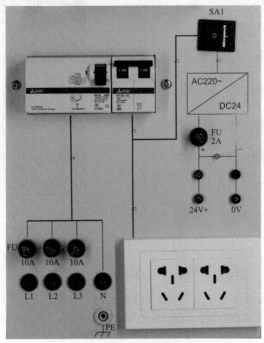

图 9-21　电源模块

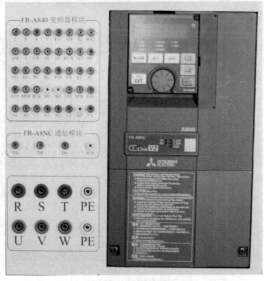

图 9-22　变频器模块

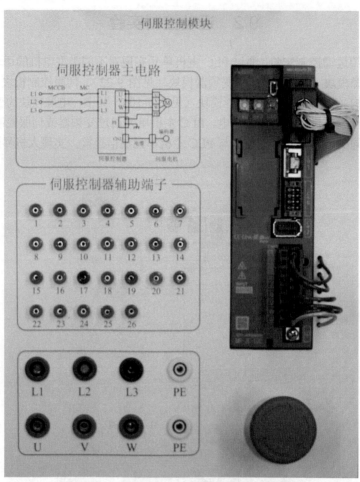

图 9-23　伺服控制模块

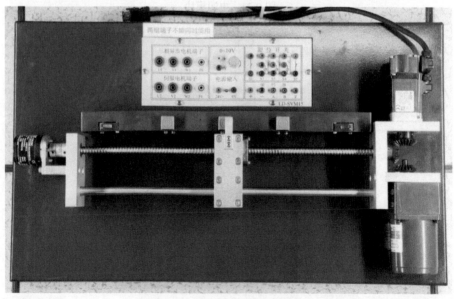

图 9-24　混合运动执行机构模块

9.2.1 变频器多段调速

1. 实验目的

应用 FX5U PLC 及变频器模块构成多段速电机调速系统。

2. 实验设备

实验采用的设备见图 9-21、图 9-22 和图 9-24。

3. 实验内容

（1）控制要求：

① 通过控制变频器 RH、RM、RL 信号，实现多段调速循环运行。

② 按下 X6，电机正转低速运行，即 Y0、Y4 置 1，Y1 置 0。

③ 按下 X7，电机反转低速运行，即 Y1、Y4 置 1，Y0 置 0。

④ 正转与反转运动过程中互锁，即 Y0 与 Y1 互锁。

⑤ 若触发 SF1（X0 置 1），电机中速运行，即 Y5 置 1，Y4、Y6 置 0。

⑥ 若触发 SF2（X1 置 1），电机高速运行，即 Y6 置 1，Y4、Y5 置 0。

⑦ 若触发 SF3（X2 置 1），电机低速运行，即 Y4 置 1，Y5、Y6 置 0。

⑧ 若触碰混合运动执行机构左限位 S1（X4），电机正转低速运行，即 Y1 置 0，Y0、Y4 置 1。

⑨ 若触碰混合运动执行机构右限位 S5（X5），电机反转中速运行，即 Y0、Y4 置 0，Y1、Y5 置 1。

（2）I/O 分配：多段速调速系统 I/O 分配表见表 9-6。

表 9-6 多段速调速系统 I/O 分配表

输入	开关	输出	变频器接口
X6	正转启动	Y0	正转（STF）
X7	反转启动	Y1	反转（STR）
X4	混合运动执行机构左限位（S1）	Y6	高速（RH）
X5	混合运动执行机构右限位（S5）	Y5	中速（RM）
X3	停止	Y4	低速（RL）

（3）接线图：PLC 与变频器模块的接线图如图 9-25 所示。

（4）编写梯形图程序。

（5）调试并运行程序（实验所需设置的变频器参数见表 9-7）。

表 9-7 实验所需设置的变频器参数

Pr.79	3
Pr.4	30
Pr.5	20
Pr.6	15

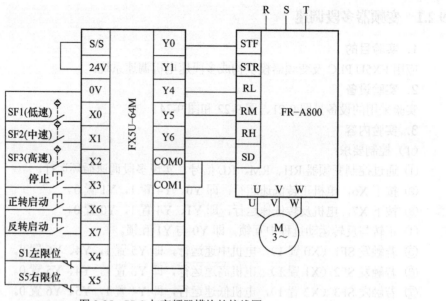

图 9-25 PLC 与变频器模块的接线图

9.2.2 变频器模拟量调速

1. 实验目的

应用 FX5U PLC 及变频器构成电机无极调速系统。

2. 实验设备

实验采用的设备见图 9-10、图 9-21、图 9-22 和图 9-24。

3. 实验内容

（1）控制要求：

① 使用 FX5U PLC 的数模转换功能实现电机的无级调速。

② 在人机界面中，与 D20 相应的数值输入框内输入一个 0～30Hz 的频率值。

③ 按下 M0，Y0 置 1，电机以该频率正转运行，若碰到右限位 X5，Y0 置 0，Y1 置 1，电机以该频率值反转运行。

④ 按下 M2，Y1 置 1，电机以该频率反转运行，若碰到左限位 X4，Y1 置 0，Y0 置 1，电机以该频率值正转运行。

⑤ 电机运行时，按下 M1，电机停止，即 Y0、Y1 均置 0。

⑥ 程序中，正转反转互锁。

（2）I/O 分配（见表 9-8）。

表 9-8 模拟量调速 I/O 分配表

输入	混合运动执行机构	输出	变频器接口
X4	左限位（S1）	Y0	正转（STF）
X5	右限位（S5）	Y1	反转（STR）
		V+	2
		V-	5

（3）接线图：PLC 及变频器接线图如图 9-26 所示。

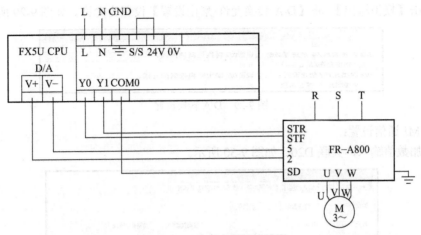

图 9-26　PLC 及变频器接线图

（4）PLC 参数设置：

① 打开 GX Works3，新建 FX5U 工程，在导航栏中展开【参数】→【FX5U CPU】→【模块参数】，然后双击【以太网端口】，将【IP 地址】设置为 192.168.3.250。如图 9-27 所示。

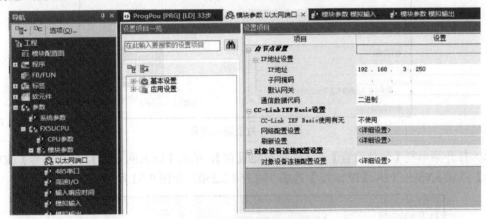

图 9-27　以太网端口设置

② 双击【模拟输入】，将【A/D 转换允许/禁止设置】设置为允许。如图 9-28 所示。

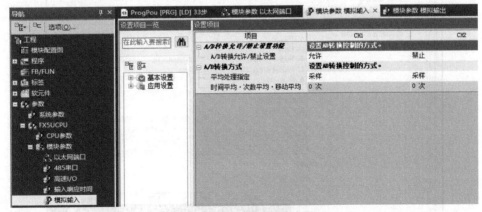

图 9-28　模拟输入使能设置

③ 双击【模拟输出】，将【D/A 转换允许/禁止设置】设置为允许。如图 9-29 所示。

图 9-29　D/A 转换设置

（5）HMI 通信设置：

① 添加数值输入，关联 D20。如图 9-30 所示。

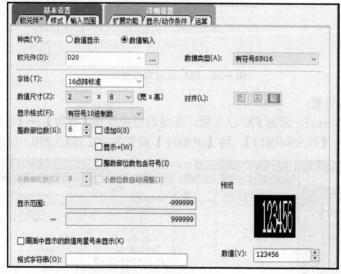

图 9-30　数值输入设置

② 打开菜单栏【公共设置】→【连接机器设置】，单击【以太网设置】，将【站号】改成 2，【机器】改成 FX5U CPU，【IP 地址】改成 192.168.3.250。如图 9-31 所示。

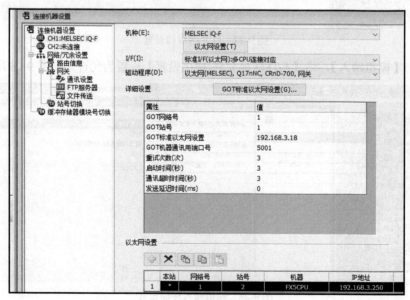

图 9-31　连接机器设置

（6）编写梯形图程序。

（7）人机界面设计，如图 9-32 所示。

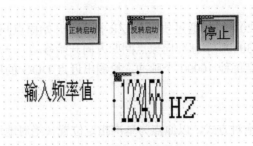

图 9-32　变频器模拟量调速人机界面

（8）调试并运行程序（实验所需设置的变频器参数见表 9-9）。

表 9-9　实验所需设置的变频器参数

Pr.0	0
Pr.1	30
Pr.73	1

9.2.3　伺服位置控制系统

1. 实验目的

应用 FX5U PLC 及伺服控制模块构成伺服位置控制系统。

2. 实验设备

实验采用的设备见图 9-10、图 9-21、图 9-23 和图 9-24。

3. 实验内容

（1）控制要求：

① 根据接线图接好线路，编写梯形图程序，要求有伺服电机的手动正/反转、定位及原点回归功能。

② 机构参数说明：混合运动执行机构所配置螺纹丝杆的螺距为 4mm，10000 个脉冲对应 1cm。

③ 难点说明：电子齿轮比 $\dfrac{CMX}{CDV}$ 计算，螺距 P_b 为 4mm，减速比 n 为 1（因为电机轴与螺纹丝杆是通过联轴器直接连接的），伺服电机分辨率 P_t 为 131072 个脉冲/转（MR-JE-C 系列伺服电机），1 个脉冲对应 1μm，即

$$\Delta I_0 = 1\mu m = 1\times 10^{-3}\,mm$$

因此有

$$\frac{CMX}{CDV} = \Delta I_0 \times \frac{P_t}{n\cdot P_b} = (1\times 10^{-3})\times \frac{131072}{1\times 4} = \frac{4096}{125}$$

所以，在参数设置中，需要将电子齿轮比设置为 $\dfrac{4096}{125}$。

④ 控制功能说明：

● JOG 运行

按住人机界面 M100 按钮，电机以每秒 30000 个脉冲的速度正向运行；

按住人机界面 M101 按钮，电机以每秒 30000 个脉冲的速度反向运行。

● 原点回归

按下 M110 按钮，M120 置 1，通过执行 DSZR 指令，开始原点回归动作。

以原点回归速度每秒 30000 个脉冲向原点回归方向开始移动，一旦检测出近点 DOG 的前端，就开始减速到爬行速度每秒 10000 个脉冲，检测出近点 DOG 的后端后，在检测到零点信号时停止。

● 绝对定位（ABS）

指定的定位地址通过绝对方式，以原点为基准指定位置（绝对地址）进行定位动作。

● ABS 2cm

按下人机界面 M30 按钮，M60 置 1，通过执行 DDRVA 指令，以原点为基准向正方向移动 2cm，移动速度为每秒 10000 个脉冲。

● ABS 4cm

按下人机界面 M31 按钮，M61 置 1，通过执行 DDRVA 指令，以原点为基准向正方向移动 4cm，移动速度为每秒 10000 个脉冲。

● ABS −2cm

按下人机界面 M32 按钮，M62 置 1，通过执行 DDRVA 指令，以原点为基准向负方向移动 2cm，移动速度为每秒 10000 个脉冲。

● ABS 0cm

按下人机界面 M33 按钮，M63 置 1，通过执行 DDRVA 指令，以原点为基准移动 0cm，即回到原点，移动速度为每秒 10000 个脉冲。

● 相对定位（INC）

以当前停止的位置作为起点，指定移动方向和移动量（相对地址）进行定位动作。

● INC 2cm

按下人机界面 M40 按钮，M64 置 1，通过执行 DDRVI 指令，以当前停止的位置作为起点，向正方向移动 2cm，移动速度为每秒 10000 个脉冲。

● INC −2cm

按下人机界面 M41 按钮，M65 置 1，通过执行 DDRVI 指令，以当前停止的位置作为起点，向负方向移动 2cm，移动速度为每秒 10000 个脉冲。

● INC 4cm

按下人机界面 M42 按钮，M66 置 1，通过执行 DDRVI 指令，以当前停止的位置作为起点，向正方向移动 4cm，移动速度为每秒 10000 个脉冲。

● INC −4cm

按下人机界面 M43 按钮，M67 置 1，通过执行 DDRVI 指令，以当前停止的位置作为起点，向负方向移动 4cm，移动速度为每秒 10000 个脉冲。

（2）I/O 分配：伺服位置控制系统的 I/O 分配表见表 9-10。

表 9-10　伺服位置控制系统的 I/O 分配表

输入	运动执行机构	输出	伺服接口	运动执行机构	伺服接口
X0	DOG（S2）	Y0	正转（PP）	左限位（S1）	正向限位 LSP
		Y4	反转（NP）	右限位（S5）	反向限位 LSN

（3）接线图：PLC 与伺服控制模块的接线图如图 9-33 所示。

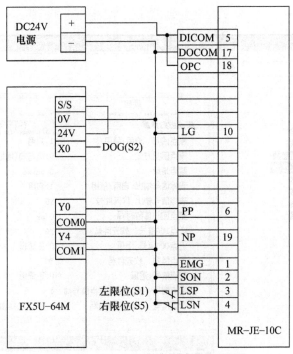

图 9-33　PLC 与伺服控制模块的接线图

（4）编写梯形图程序。

（5）PLC 通信设置（见图 9-34 和图 9-35）。

打开 GX Works3 模块参数下的【高速 I/O】→【输出功能】→【定位】→【基本设置】，如图 9-34 和图 9-35 所示。

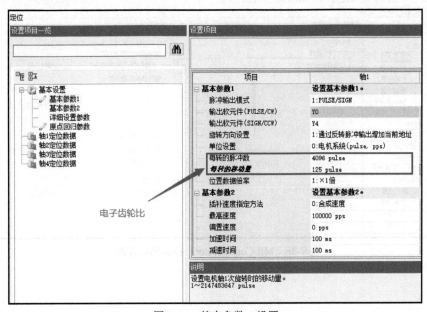

图 9-34　基本参数 1 设置

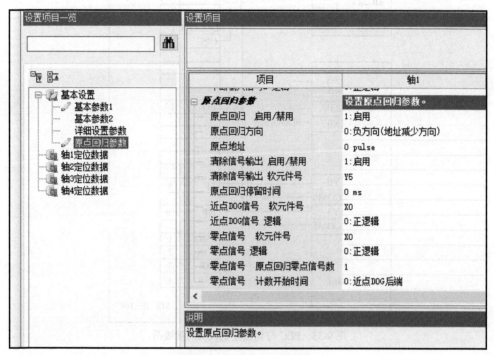

图 9-35 原点回归参数设置

（6）伺服参数设置界面（见图 9-36～图 9-39）。

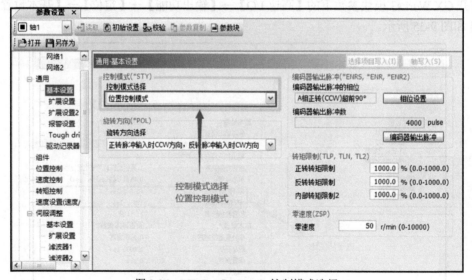

图 9-36 MR Configurator2 控制模式选择

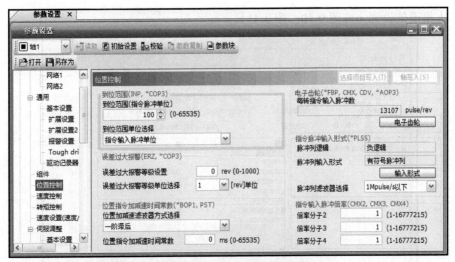

图 9-37　MR Configurator2 位置控制参数设置

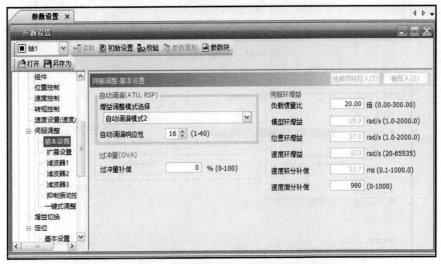

图 9-38　MR Configurator2 伺服调整基本设置

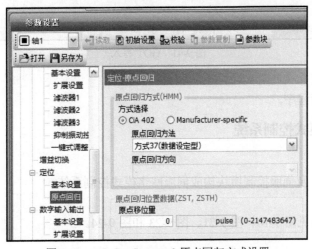

图 9-39　MR Configurator2 原点回归方式设置

（7）人机通信设置（见图9-40、图9-41）。

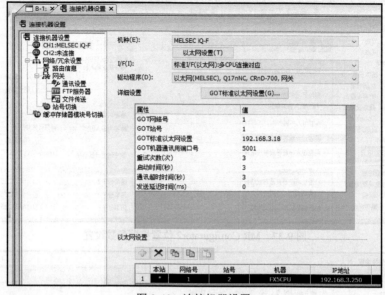

图 9-40　连接机器设置

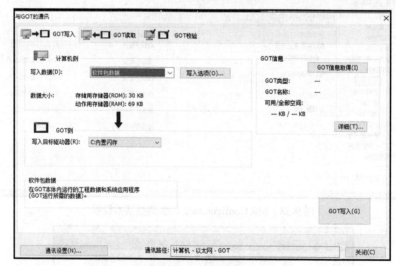

图 9-41　GOT 写入

（8）人机界面设计（见图9-42）。

（9）调试并运行程序。

9.2.4　伺服网络模式控制系统

1. 实验目的

应用 FX5U PLC 及伺服控制模块构成伺服网络模式控制系统。

2. 实验设备

实验采用的设备见图9-10、图9-21、图9-23和图9-24。

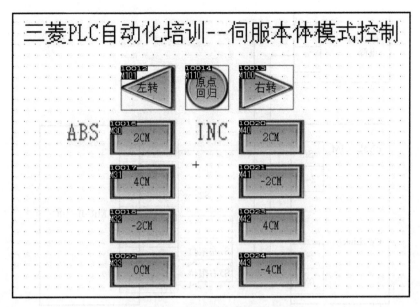

图 9-42　伺服位置控制系统人机界面

3．实验内容

（1）控制要求：

① 根据接线图接好线路，编写梯形图程序，实现伺服网络模式控制。

② 电子齿轮比 $\dfrac{CMX}{CDV}$ 计算与伺服位置控制系统相同，两者只是控制命令不同。

③ 按下人机界面 M0 按钮，B7F 置 1，则 B3F 显示 1（B7F 是写入，B3F 是状态），M111 置 1，循环通信准备完成。

④ 按下人机界面 M100 按钮，伺服启动。

⑤ 按下人机界面 M1 按钮，为轨迹速度控制模式。

⑥ 按下人机界面 M2 按钮，电机正向移动，速度为 200r/min。

⑦ 按下人机界面 M4 按钮，电机反向移动，速度为 200r/min。

⑧ 按下人机界面 M3 按钮，电机停止。

⑨ 按下人机界面 M6 按钮，为原点复位控制模式，再按下 M7 按钮，原点回归启动。

⑩ 按下人机界面 M8 按钮，为轨迹位置控制模式。

⑪ 按下人机界面 M9 按钮，写入运动距离和运动速度参数，电机正向运动 5cm，速度为 200r/min；再按下人机界面 M10 按钮，执行伺服指令。

⑫ 按下人机界面 M12 按钮，写入运动距离和运动速度参数，电机反向运动 5cm，速度为 200r/min。再按下人机界面 M10 按钮，执行伺服指令。

⑬ 如果实验过程中出错，可按下人机界面 M5 按钮，则错误清除，然后从第①步开始重做。

（2）接线图：PLC 与伺服控制模块的接线图如图 9-43 所示。

（3）编写梯形图程序。

（4）伺服参数设置见图 9-44～图 9-46。

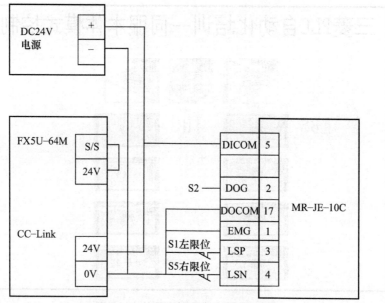

图 9-43 PLC 与伺服控制模块的接线图

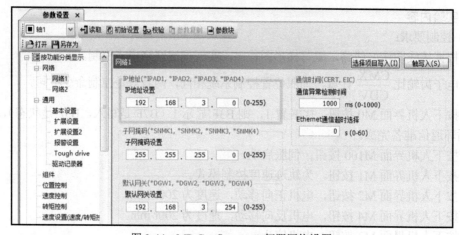

图 9-44 MR Configurator2 伺服网络设置

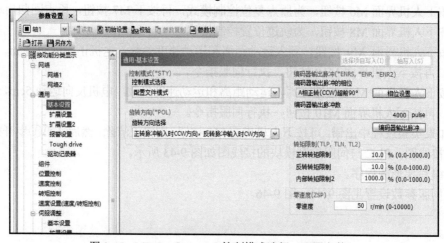

图 9-45 MR Configurator2 控制模式选择（配置文件）

图 9-46 MR Configurator2 原点回归设置

打开 GX Works3，在导航栏中打开【模块参数】→【以太网端口】→【基本设置】→【CC-Link IEF Basic 设置】→【网络配置设置】，如图 9-47 和图 9-48 所示。

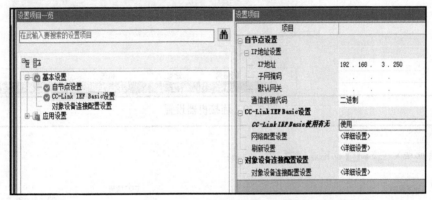

图 9-47 GX Works3 IP 地址设置

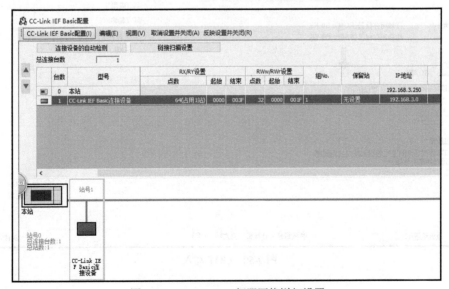

图 9-48 GX Works3 伺服网络详细设置

（5）人机通信设置（见图 9-49 和图 9-50）。

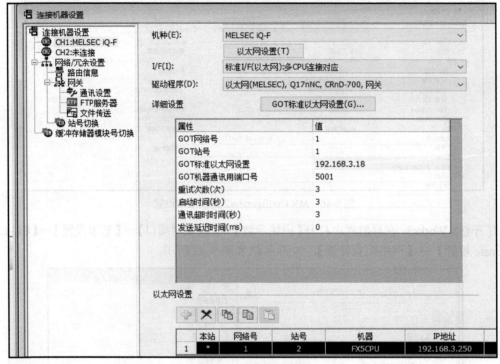

图 9-49　连接机器设置

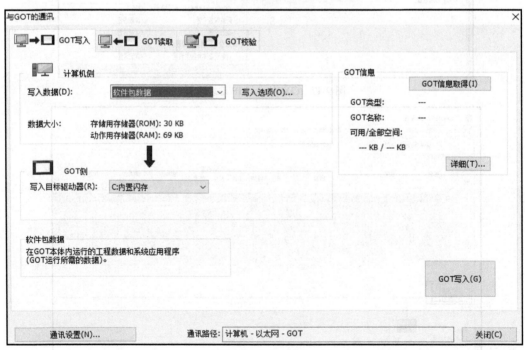

图 9-50　GOT 写入

（6）人机界面配置（见图 9-51）。

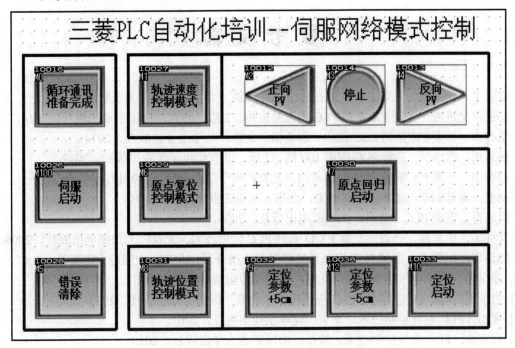

图 9-51　伺服网络模式控制系统人机界面

（7）调试并运行程序。

参 考 文 献

[1] 陈宗平，侯玉宝. 三菱 FX2N PLC 从入门到精通. 北京：中国电力出版社，2015.

[2] 初航，史进波. 三菱 FX 系列 PLC 编程及应用. 2 版. 北京：电子工业出版社，2014.

[3] 蔡杏山. 三菱 FX 系列 PLC 技术一看就懂. 北京：化学工业出版社，2014.

[4] 杨后川，张学民. 三菱 PLC 应用 100 例. 2 版. 北京：电子工业出版社，2017.

[5] 蔡杏山. 三菱 FX 系列 PLC 快速入门. 北京：电子工业出版社，2018.

[6] 初航. 零基础学三菱 FX 系列 PLC. 北京：机械工业出版社，2010.

[7] 洪志育. 例说 PLC. 北京：人民邮电出版社，2006.

[8] 龚仲华，史建成，孙毅. 三菱 FX/Q 系列 PLC 应用技术. 北京：人民邮电出版社，2006.

[9] 陆运华，胡翠华. 图解 PLC 控制系统梯形图及指令表. 北京：中国电力出版社，2007.

[10] 漆汉宏. PLC 电气控制技术. 北京：机械工业出版社，2007.

[11] 封孝辉. 现代电气控制及 PLC 应用技术. 北京：国防工业出版社，2013.

[12] 夏田. PLC 电气控制技术. 北京：化学工业出版社，2007.

[13] 张宏伟. PLC 电气控制技术. 徐州：中国矿业大学出版社，2018.

[14] 庞科旺. PLC 电气控制系统设计及应用. 北京：中国电力出版社，2014.

[15] 王兆宇. 施耐德 PLC 电气设计与编程自学宝典. 北京：中国电力出版社，2015.

[16] 初航，郭治田，王伦胜. 实例讲解三菱 FX 系列 PLC 快速入门. 北京：电子工业出版社，2016.

[17] 韩雪涛. 微视频全图讲解 PLC 及变频技术. 北京：电子工业出版社，2018.